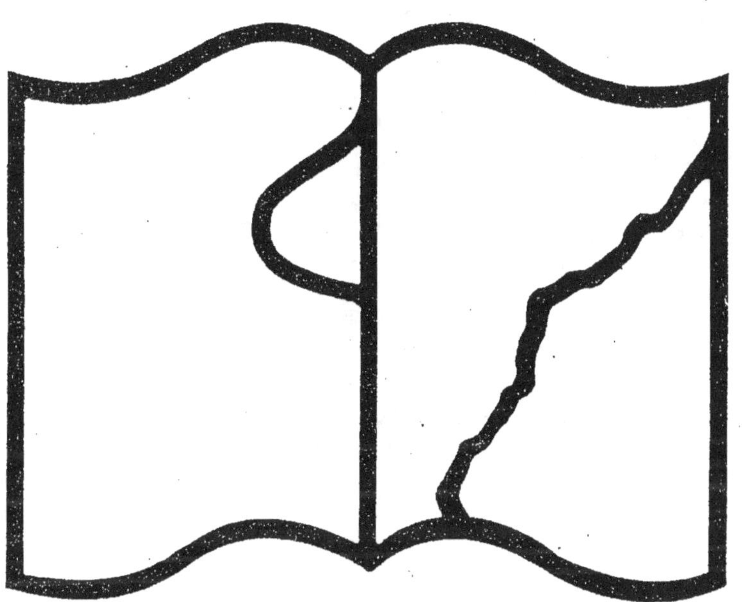

Texte détérioré — reliure défectueuse

NF Z 43-120-11

COURS
DE PHYSIQUE

A L'USAGE

DES ÉCOLES PRIMAIRES SUPÉRIEURES. — DES COURS COMPLÉMENTAIRES
ET DES CANDIDATS AU BREVET ÉLÉMENTAIRE

AVEC TROIS PLANCHES HORS TEXTE, DONT DEUX EN COULEURS

PAR

L. PERSEIL

PROFESSEUR A L'ÉCOLE SUPÉRIEURE
DE MELUN

B. GAUTHIER-ECHARD

ANCIENNE ÉLÈVE DE L'ÉCOLE NORMALE
SUPÉRIEURE DE FONTENAY-AUX-ROSES
PROFESSEUR A L'ÉCOLE NORMALE
D'INSTITUTRICES DE BOURGES

Troisième Année

NOUVELLE ÉDITION REVUE ET CORRIGÉE

PARIS

LIBRAIRIE CLASSIQUE FERNAND NATHAN

16 ET 18, RUE DE CONDÉ (6ᵉ)

—

PRÉFACE

Les nouveaux programmes de physique pour les écoles primaires supérieures ont accentué le caractère pratique qui se trouvait déjà indiqué dans les anciens, mais ils ont groupé les matières dans un ordre mieux approprié au développement progressif des élèves pendant leurs trois années d'études.

Nous nous sommes efforcés de nous inspirer de cet esprit dans la rédaction de cet ouvrage en lui donnant un caractère pratique et simple fondé sur l'observation et l'expérience.

D'une manière générale, chaque chapitre comprend la matière d'une leçon. Quelques-uns, comme ceux qui traitent des miroirs et des lentilles, pourront paraître, à première vue, un peu étendus ; mais on voudra bien remarquer que cette étendue est plus apparente que réelle car, outre des gravures nombreuses, ces chapitres comprennent des explications en caractères fins dont l'étude est facultative.

La partie relative à l'électricité a été traitée avec le souci de présenter le sujet d'une manière élémentaire, accessible à de jeunes esprits. Nous avons introduit, au début de l'étude du courant électrique, l'emploi des instruments de mesure : ampèremètre et voltmètre. Nous précisons ainsi dans l'esprit des élèves des notions souvent difficiles à comprendre pour eux et nous les mettons à même de traiter aisément des petits problèmes sur les diverses grandeurs électriques.

Nous avons insisté particulièrement sur les diverses manières d'utiliser l'énergie électrique dont l'importance industrielle et économique va sans cesse en s'élargissant.

Suivant les termes du programme, nous avons limité l'étude de l'électricité statique aux notions strictement nécessaires à une connaissance sommaire de l'électricité atmosphérique, c'est pourquoi nous avons laissé de côté les machines électriques, les condensateurs, etc.

Des sommaires, sous forme de tableaux synoptiques, présentent d'une manière commode l'ensemble des matières de chaque chapitre et facilitent les revisions. On trouvera en outre, à la fin de chaque leçon, l'indication d'un certain nombre d'exercices d'observation ainsi que des expériences simples, faciles à réaliser à l'aide d'appareils peu compliqués.

Enfin, nous avons réuni les formules éparses dans l'ouvrage en un tableau qui facilitera le travail des élèves en leur épargnant souvent des recherches.

COURS DE PHYSIQUE

TROISIÈME ANNÉE

LIVRE I

NOTIONS DE MÉCANIQUE

CHAPITRE I

FORCES

PLAN

I. — Inertie de la matière.

Un corps soustrait à toute action extérieure
- 1° Est : ou au repos ou animé d'un mouvement uniforme, c'est-à-dire qu'il parcourt des *espaces égaux* en des *temps égaux* (espace = vitesse $\times$ temps).
- 2° Ne peut modifier de lui-même cet état.

II. — Étude des forces.

Définition d'une force
- Cause capable de modifier l'état de repos ou de mouvement d'un corps.

Éléments d'une force
- 1° *Point d'application*; 2° *Direction*; 3° *Sens*; 4° *Intensité*.

Résultante des forces
- 1° Concourantes : Elle est donnée par la règle du *parallélogramme des forces*.
- 2° Parallèles : Elle est égale à la somme ou à la différence des forces selon que celles-ci sont de même sens ou de sens contraires.

Couple
- Est représenté par deux forces égales et de sens contraires agissant en deux points d'un corps. Son action est de faire pivoter le corps sur lui-même.

1. Inertie de la matière en mouvement.

Nous avons vu dans le cours de 1re année qu'un corps est au repos quand ses distances à des points considérés comme fixes, tels que les arêtes d'une chambre, d'un mur ne varient pas. Il est évident que cette immobilité est toute relative puisque la Terre se déplace dans l'espace.

Lorsque les distances du corps aux points considérés comme fixes varient, nous disons que le corps est en mouvement ; on lui donne alors le nom de mobile et la ligne que décrit un de ses points P dans ce mouvement est dite trajectoire de ce point (*fig.* 1).

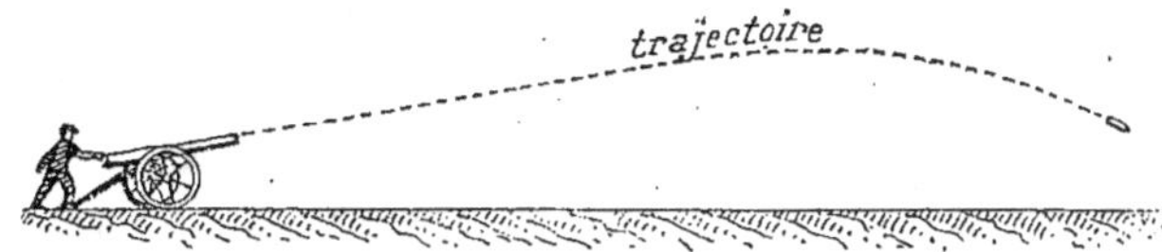

Fig. 1. — Trajectoire décrite par un boulet lancé par un canon.

2. Inertie d'un corps en mouvement.

Nous savons par expérience qu'un corps au repos ne peut, de lui-même, se mettre en mouvement ; on admet qu'inversement un corps en mouvement ne peut s'arrêter de lui-même.

On exprime ce fait en disant que les corps sont **inertes.**

L'inertie de la matière permet d'expliquer nombre de phénomènes : lorsqu'un train s'arrête un peu brusquement en entrant en gare, les voyageurs, dont le corps n'est pas solidaire du wagon, conservent le mouvement que leur communiquait la voiture et sont projetés en avant.

Les accidents d'automobiles confirment d'une manière terrifiante l'inertie de la matière. Lorsque, par suite d'une fausse manœuvre, la voiture vient buter contre un arbre, elle est arrêtée instantanément, mais il n'en est pas de même pour le conducteur qui se trouve lancé à la vitesse de 60 à 80 kilomètres par exemple et vient, avec cette vitesse, s'écraser la poitrine contre le volant de direction.

Lorsqu'on veut descendre d'une voiture ou d'un tramway en marche, il faut prendre soin de se pencher assez fortement dans la direction opposée à celle de la voiture (*fig.* 2). L'inertie a pour effet de ramener le corps verticalement au moment où l'on pose le pied sur le sol. Sans cette précaution on s'exposerait à une chute dangereuse.

On réalise une expérience très simple de l'inertie de la matière en déplaçant rapidement une assiette sur laquelle on a posé une pièce de monnaie (*fig.* 3). Si l'on vient à arrêter brusquement la main contre un obstacle quelconque, la pièce continue à se déplacer et peut être projetée hors de l'assiette. Il en est de même pour une boulette de mie de pain plantée au bout d'une baguette effilée. On déplace rapidement la baguette de manière qu'elle vienne buter contre un obstacle rigide comme

Fig. 2. — *Manière de descendre d'une voiture en marche.* — Le voyageur se penche fortement; quand son pied pose à terre, l'inertie de son corps encore animé du mouvement de la voiture le ramène sur la verticale.

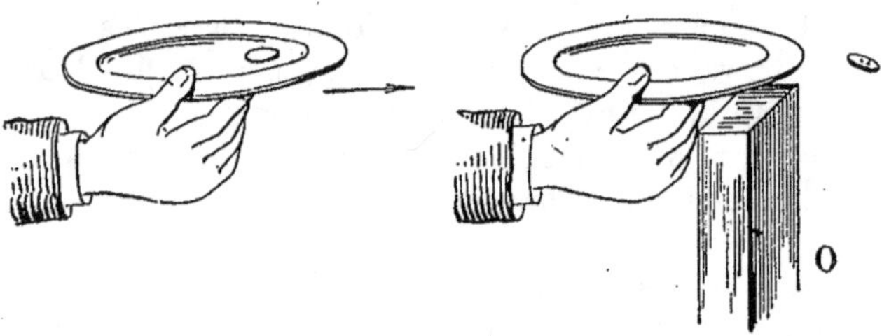

Fig. 3. — *Inertie d'un corps en mouvement.* — Lorsque la main qui déplace l'assiette est arrêtée brusquement par un obstacle, la pièce de monnaie continue à se mouvoir et se projette en avant.

l'arête d'un bureau; on voit alors la boulette projetée dans l'espace.

L'inertie de la matière en mouvement semble être en contradiction avec un certain nombre de faits : par exemple, une bille de verre lancée sur le sol ne tarde pas à s'arrêter; mais cette contradiction n'est qu'apparente, car plusieurs causes (le frottement de la bille contre le sol, les aspérités qu'elle rencontre sur son chemin, la résistance de l'air) ralentissent son mouvement à chaque instant. A mesure que ces causes de ralentissement sont diminuées, le mouvement dure davantage; c'est ainsi que la bille roulera plus longtemps sur une surface lisse, comme celle d'un parquet bien ciré et, s'il était possible de la faire rouler sans frottement sur un plan indéfini, dans le vide, affranchie en un mot de toutes les causes pouvant faire obstacle à son mouvement, elle ne s'arrêterait jamais.

3. Forces.

L'hypothèse que nous venons de faire d'une bille roulant indéfiniment est, en fait, irréalisable. Que la surface de roulement soit aussi lisse et étendue qu'on pourra l'obtenir, la bille finira par s'arrêter, car il est impossible de supprimer la résistance de l'air ni le frottement. D'une manière générale le mouvement d'un corps mobile ne s'entretient pas de lui-même, tantôt il se précipite, il s'accélère, comme on dit, tantôt il se ralentit et nous verrons bientôt à préciser ces notions de mouvements différents (§ 14).

A toutes les causes qui interviennent pour modifier le mouvement d'un corps ou le tirer du repos, on donne le nom de **forces**. Nous avons déjà eu maintes occasions, dans le cours de 1re et 2e année, d'étudier un certain nombre de forces comme le *poids* d'un corps qui tend à le faire choir vers le sol, la pression de l'eau sur les parois d'un corps immergé, la *pression* atmosphérique, la force élastique d'un gaz ou d'une vapeur, la poussée produite par la dilatation des corps, etc.

4. Représentation graphique d'une force.

Nous avons vu (C. de 1re année), qu'on représente graphiquement une force par une droite partant du point d'application dans la direction de la force et dont la longueur est proportionnelle à l'intensité de cette force (*fig.* 4).

5. Forces concourantes.

Il arrive fréquemment qu'un même corps est sollicité à la fois par plusieurs forces; un exemple simple nous est offert par les gouttes d'eau tombant par un jour de pluie et de grand vent. Tandis que le poids des gouttes tend à les faire tomber verticalement, le vent les chasse horizontalement. Sous l'action de ces deux forces, elles prennent une direction oblique.

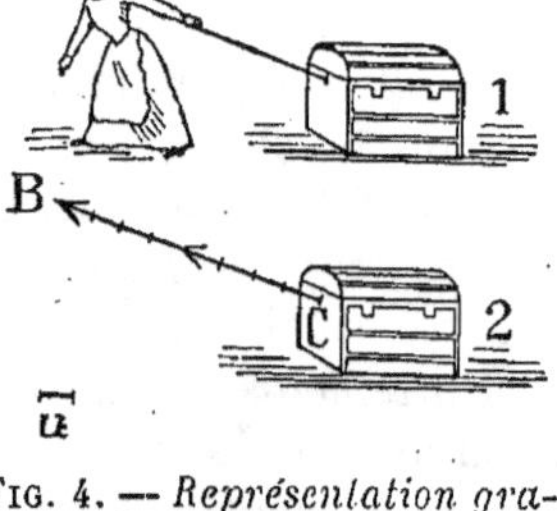

Fig. 4. — *Représentation graphique d'une force.* — La direction, le sens et la longueur de la flèche CB figurent la direction, le sens et l'intensité ($= 8\ f$) de la force exercée par la personne A. — En u, longueur correspondant à une force de valeur *f*.

Lorsque deux forces ont un même point d'application, on les appelle forces concourantes. Attachons à un pied de table (*fig.* 5) deux cordes que nous faisons tirer simultanément et le plus régulièrement possible par deux personnes. Les cordes nous figurent la direction de deux forces concourantes AB, AC. Sous l'action

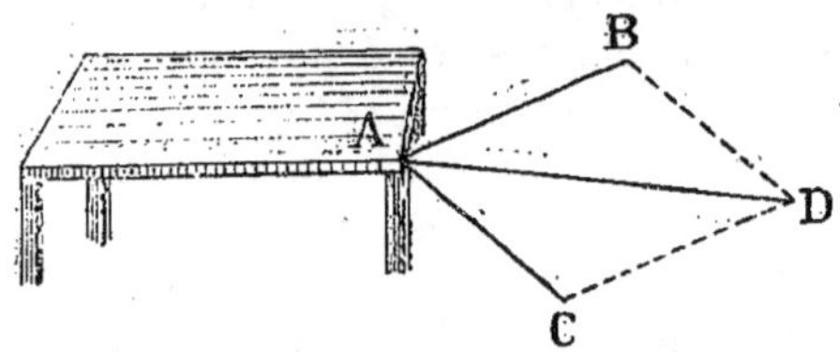

Fig. 5. — Expérience montrant l'action de deux forces concourantes sur un objet.

des efforts exercés, le point A de la table se déplace, non pas dans la direction de l'une ou l'autre corde, mais dans

une direction intermédiaire, comme s'il obéissait à l'action
d'une force unique dirigée suivant **AD**.

Les chalands qui transportent les marchandises sur les
canaux sont ordinairement tirés obliquement par des chevaux
ou des ânes circulant sur un chemin de halage bordant la

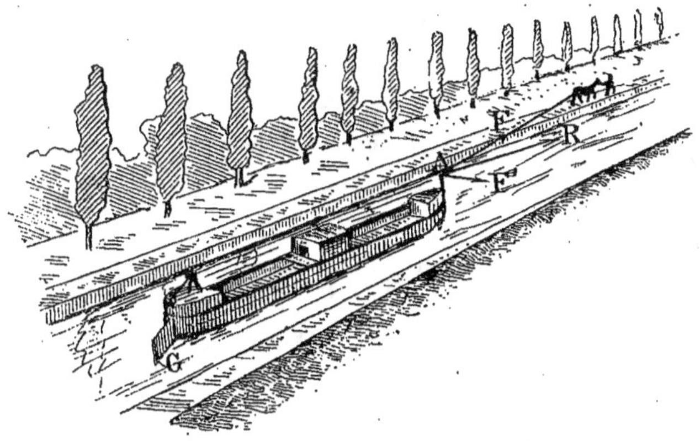

FIG. 6. — *Résultante de deux forces concourantes.* — Le bateau subit à
la fois la traction **AF** de la corde et la réaction de l'eau sur le gouvernail en **G** produisant l'effet d'une force **AF'**. Le bateau suit la direction intermédiaire **AR**.

rive (*fig.* 6). Une longue corde relie l'attelage à l'avant **A** du
bateau. Celui-ci devrait suivre la direction de la force **FA**;
or il reste dans l'axe du canal. Ce fait est dû à la réaction
de l'eau sur le gouvernail **G** qui tend à faire tourner
l'avant dans la direction **AF'** comme si une autre force **F'**
s'exerçait en **A**. Le chaland suit alors la direction intermédiaire **AR**.

D'une manière générale, lorsque *deux forces* **f** *et* **f'** *sont
concourantes* (*fig.* 7), *on peut considérer le résultat de leur
action commune comme dû à une force unique* **F** *appelée*
résultante, *ayant même point d'application et dont la direc-*

tion, le sens et l'intensité sont donnés par la diagonale du parallélogramme construit sur les deux droites représentant ces deux forces appelées composantes.

Lorsque plusieurs forces situées ou non dans le même plan sont concourantes, on peut trouver leur résultante par des applications successives de la règle précédente (*fig.* 7; II et légende).

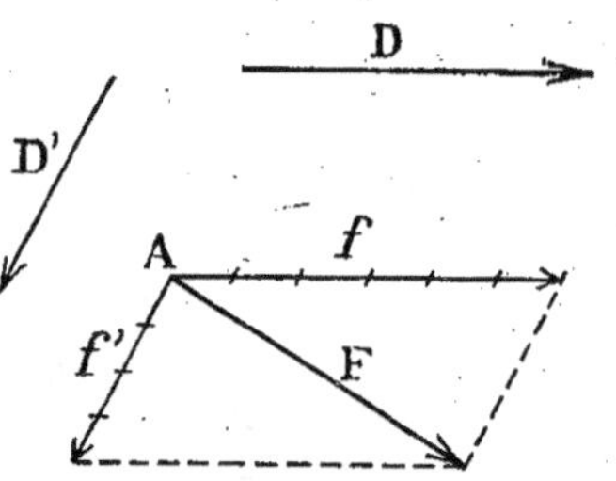

Fig. 7. — Résultante de deux forces concourantes.

Inversement, étant donnée une force F, on peut toujours la remplacer par deux autres *f* et *f'* ayant même point d'application que la première et dont les directions sont parallèles à deux directions données D et D'.

Un exemple de ce problème inverse nous est fourni par un corps reposant sur un plan incliné (*fig.* 8). Le poids du corps, force verticale représentée par la flèche GE appliquée au centre de gravité G, peut être décomposé en deux autres forces, l'une GH perpendiculaire à AB

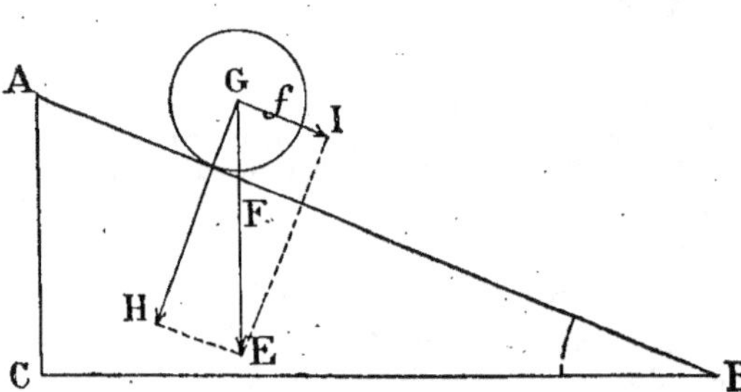

Fig. 8. — Le poids du corps F peut se décomposer en deux forces, l'une GH annulée par la résistance du plan, l'autre GI = *f plus petite* que F qui entraîne le corps dans la direction AB.

tendant à appliquer le corps sur le plan incliné et qui est annulée par la résistance de ce plan, l'autre GI = *f* qui tend à le faire glisser ou rouler sur AB.

Pour trouver la longueur des droites représentant la

valeur de ces composantes, il suffit de mener par **G** les droites **GH** et **GI** respectivement perpendiculaire et parallèle à **AB** et de tracer par l'extrémité **E** la parallèle à chacune de ces droites.

Il est intéressant de chercher le rapport qui lie la force **f** à la force **F**. Or on démontre facilement que les deux triangles rectangles **ACB** et **GIE** sont semblables, d'où on tire que :

$$\frac{GI}{GE} = \frac{AC}{AB} \quad \text{ou} \quad \frac{f}{F} = \frac{AC}{AB},$$

d'où

$$f = F \times \frac{AC}{BA} ;$$

ainsi **f** est une fraction du poids **F** qui a pour numérateur la hauteur **AC** du plan et sa longueur **AB** pour dénominateur. Or on sait que cette fraction est le sinus de l'angle **ABC** ([1]). On peut donc rendre la force **f** aussi petite qu'on veut en diminuant l'angle **ABC**.

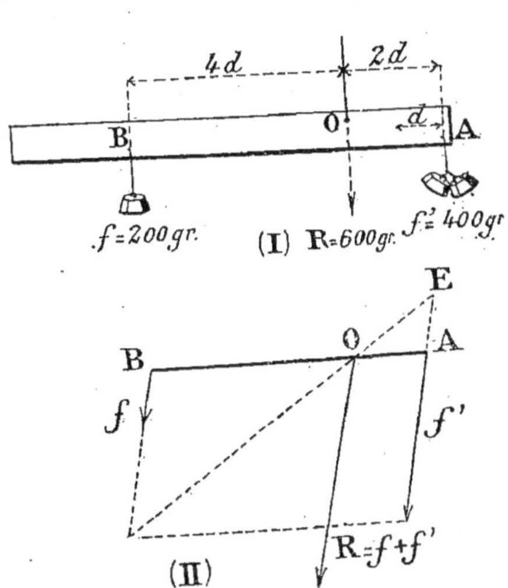

Fig. 9. — I. La force **f** = 200 grammes équilibre une force double **f'** = 400 grammes; mais la distance **BO** est le double de celle du bras de fléau **AO**. — II. La résultante **R** des deux forces parallèles **f** et **f'** et de même sens leur est parallèle et est égale à leur somme :

$$R = f + f' \quad \text{et} \quad \frac{f}{f'} = \frac{OA}{OB}.$$

6. Forces parallèles et de même sens.

Un exemple de l'action de deux forces parallèles et de même sens nous est fourni par la balance romaine étudiée en première année (*fig.* 9, I).

([1]) Voir *Cours de Géométrie.*

Les poids appliqués en **A** et **B** représentent deux forces de 400 grammes et de 200 grammes ayant même sens. Puisque le système est en équilibre quand il est soutenu en 0, c'est que la résultante de ces forces passe par ce point; or le point 0 partage la droite **AB** en deux parties inégales OB = 2.OA et, d'autre part, la force **f** en **A** est le double de la force **f** en **B** et l'on a (Voir *Cours de 1re année*) :

$$\frac{OA}{\overline{OB}} = \frac{f}{f'}$$

CONCLUSION. — *Lorsque deux forces parallèles* **f** *et* **f'** *et de même sens agissent sur un corps (fig. 9, II) :*

1° Leur résultante **R** *leur est parallèle et égale à leur somme ;*

2° Son point d'application 0 est sur la droite qui joint les points d'application **A** *et* **B** *des deux forces composantes et la partage en parties inversement proportionnelles aux intensités de ces composantes.*

REMARQUE. — Lorsqu'il y a plus de deux composantes, leur résultante unique se trouve par des applications successives de la règle précédente.

7. Forces parallèles et de sens contraires.

Dans l'exemple précédent, puisque le système est en équilibre, nous pouvons tout aussi bien considérer que le corps est sollicité à la fois par deux forces parallèles et de sens contraires (*fig.* 10 ,I), l'une **f** de 200 grammes appliquée en **B**, l'autre **F** de 600 grammes appliquée en 0 et qu'une troisième force **f'** de 400 grammes suffit à équilibrer. Or le système conservera son équilibre si nous remplaçons les deux forces **F** et **f** par une force unique **R** s'exerçant en **A**, égale et opposée à la force **f'** qui y est appliquée. Dans ces conditions la force **R** est la résultante des deux forces de sens opposés **F** et **f** et son intensité est égale à la différence de leurs valeurs

$$400 \text{ grammes} = 600 \text{ grammes} - 200 \text{ grammes},$$

d'où la règle suivante :

*Lorsque deux forces parallèles et de sens contraires **F** et **f** agissent sur un corps :*

*1° Leur résultante **R** est de même sens que la plus grande **F** est égale à leur différence $R = F - f$;*

*2° Le point d'application **O** de cette résultante est sur le prolongement de la droite **AB** qui joint les deux points d'application des composantes, du côté de la plus grande, en un point qui divise cette droite en parties inversement proportionnelles à ces forces (fig. 10, II).*

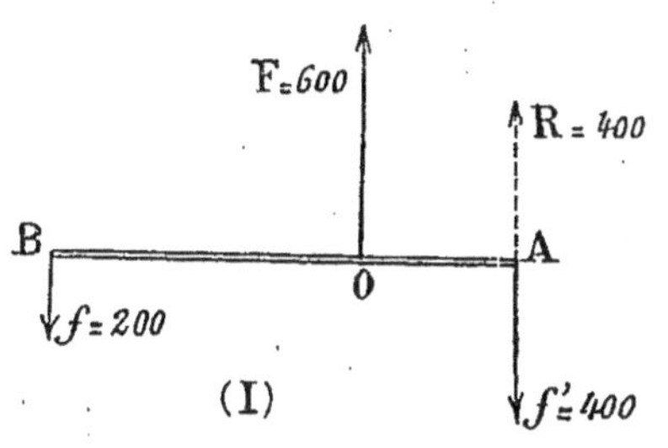

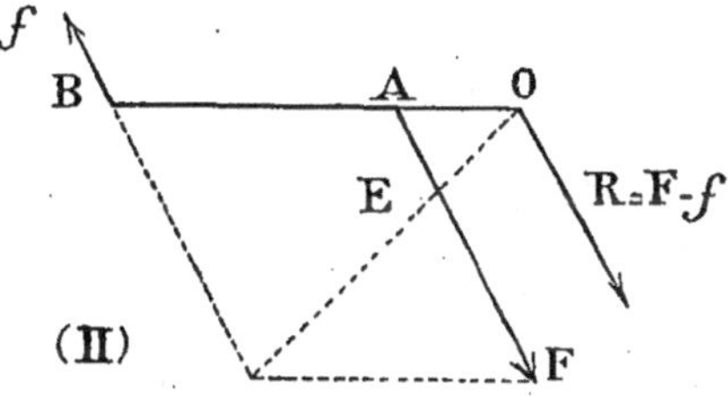

Fɢ. 10. — I. Les deux forces F et f peuvent être remplacées par une force unique R. — II. La résultante R de deux forces parallèles et de sens contraires F et f est égale à leur différence et est de même sens que la plus grande :

$$R = F - f, \qquad \frac{f}{F} = \frac{OA}{OB}.$$

8. Couple.

Dans le cas particulier où les deux forces parallèles et de sens contraire *f* et *f'* sont égales, la résultante est nulle. Le corps ne sera donc pas entraîné, mais s'il est mobile le seul effet des deux forces sera de le faire pivoter sur lui-même jusqu'à ce que la droite AB, qui joint leurs points d'application, soit dans la direction commune des deux forces. *L'ensemble de ces deux forces parallèles, égales et de sens contraires, constitue un* couple.

Nous aurons l'image d'un couple en tirant en sens inverses sur deux ficelles attachées aux deux extrémités d'une règle (*fig.* 11).

Application.—On peut fréquemment observer l'action de couples. Dans la rotation des roues d'une voiture par exemple (*fig.* 12) le cheval tire sur le timon et son effet est transmis à l'essieu suivant EF ; d'autre part, les roues sont retenues en place par le frottement et, en leur point de contact, la force de frottement s'exerce suivant la direction GH parallèle à la direction EF et en sens opposé. Les forces EF et GH constituent un couple.

Fig. 11. — *Image d'un couple.* — La règle tirée à chacune de ses extrémités par deux forces égales, parallèles et de sens contraire pivote sur elle-même.

Fig. 12. — La roue d'une voiture tourne sous l'action du couple formé par les deux forces EF et GH.

On utilise les couples quand on veut enfoncer un tire-bouchon, une vrille, une tarière, quand on ouvre une porte avec un bouton, une fenêtre avec une crémone. On retrouve encore l'action d'un couple dans le treuil des puisatiers, etc. De même la rotation d'une aiguille aimantée autour de son pivot (§ 59) est due à un couple.

9. Expériences. — Réaliser les différentes expériences montrant l'inertie de la matière en mouvement. Emmancher un marteau et faire trouver l'explication du phénomène.

Montrer l'action de deux forces concourantes en faisant tirer une table par deux élèves à l'aide de deux cordes attachées à

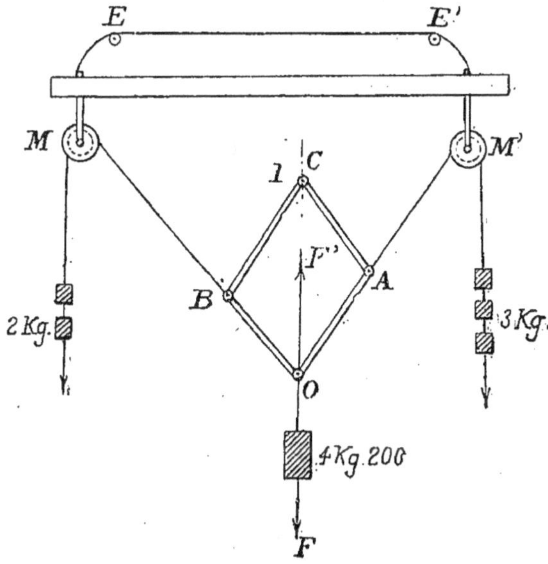

Fig. 12 bis.

un angle. Tracer à la craie sur le plancher deux lignes suivant la direction des cordes puis marquer le chemin parcouru par le pied de la table.

Vérifier la règle du parallélogrammes des forces à l'aide de l'appareil représenté (*fig. 12 bis*).

Vérifier la règle concernant les forces parallèles à l'aide d'une balance romaine construite simplement à l'aide d'une règle d'écolier.

Faire reconnaître l'action d'un couple dans la rotation d'une roue, d'un tire-bouchon, d'une porte tournant sur ses gonds, d'une serrure dont on tourne le bouton, d'une fenêtre à crémone, d'une manivelle de bicyclette, etc.

CHAPITRE II

MOUVEMENT UNIFORME
MOUVEMENT UNIFORMÉMENT VARIÉ

PLAN

I. — Mouvement uniforme.

C'est le mouvement d'un corps qui parcourt des espaces égaux en des temps égaux :

$$e = vt.$$

Un mobile soustrait à l'action de toute force est animé d'un mouvement uniforme.

II. — Mouvement uniformément varié.

Un exemple simple est offert par le mouvement d'un corps qui tombe.

1re série d'expériences : mesure des espaces parcourus	Loi des espaces	Les *espaces* parcourus par un corps qui tombe sont proportionnels aux carrés des temps mis à les parcourir.
	Conclusion	Les espaces franchis pendant les secondes successives vont sans cesse en augmentant d'une même quantité par seconde. On dit que le mouvement est *uniformément accéléré*.
2e série d'expériences : mesure des vitesses	Vitesse d'un mouvement uniformément accéléré	La vitesse, à un moment donné, d'un mouvement uniformément accéléré, est la vitesse du mouvement uniforme qui succède au mouvement varié, si l'on supprime à ce moment la force, cause de ce mouvement.
	Résultat	La vitesse du mouvement de chute d'un corps augmente d'une quantité constante g en des temps égaux. Cette quantité est appelée *accélération* du mouvement.
	Loi des vitesses	Les vitesses sont proportionnelles aux temps employés à les acquérir.
Formules générales	Vitesses : $v = gt$.	
	Espaces : $e = \frac{1}{2} gt^2$.	

MOUVEMENT UNIFORME

10. Mouvement uniforme.

En étudiant l'inertie des corps en mouvement, nous avons vu qu'une bille de verre lancée sur une surface horizontale roulera d'autant plus longtemps que la surface sera plus lisse et qu'en supposant que la bille pût rouler sur un plan indéfini dans le vide, elle ne s'arrêterait jamais. Dans ces conditions, aucune raison n'existant pour que la bille tourne d'un côté plutôt que de l'autre, elle se déplacerait en ligne droite et, comme il n'y a pas non plus de raison pour que son allure se précipite ou se ralentisse, elle franchirait régulièrement des espaces égaux en des temps égaux.

Lorsqu'un mobile parcourt ainsi des espaces égaux en des temps égaux, on dit que son **mouvement est uniforme**.

Dans un tel mouvement on définit la **vitesse du mobile**, comme étant l'espace qu'il parcourt pendant une seconde ; on l'exprime en *centimètres*. Si l'on appelle **v** cette vitesse, l'espace e parcouru en **t** secondes est :

$$e = v \times t.$$

C'est ainsi que dans l'exemple précédent, si la vitesse de la bille est de 50 centimètres, l'espace qu'elle aura franchi en une journée sera :

$$e = 50^{cm} \times (60 \times 60 \times 24).$$

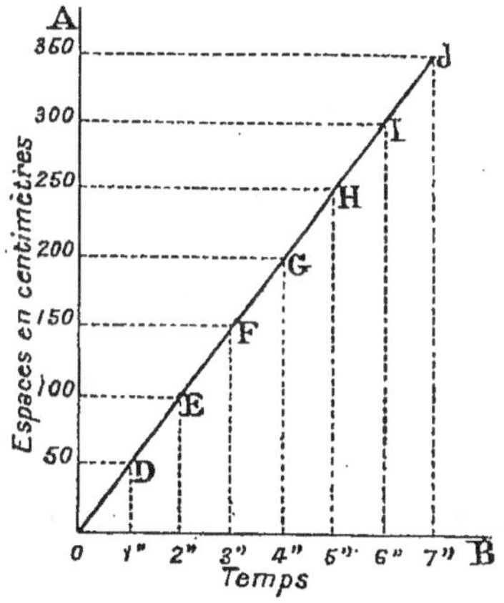

11. Représentation graphique d'un mouvement uniforme.

Traçons deux droites rectangulaires OA, OB (*fig.* 13).

Fig. 13. — Graphique d'un mouvement uniforme.

Sur la première, portons des longueurs égales représentant chacune 50 centimètres et sur la deuxième des longueurs égales représentant des secondes. En déterminant les différent points D, E, F de la courbe correspondant aux espaces décrits par la bille précédente au bout de 1, 2, 3 secondes, nous trouvons que le mouvement d'un corps qui se déplace uniformément est représenté par une ligne droite.

REMARQUE. — Il convient de noter que ce graphigne se rapporte au mouvement lui-même et non pas à la trajectoire qui peut aussi bien être rectiligne que circulaire (cas d'un point pris sur la circonférence d'une roue).

MOUVEMENT UNIFORMÉMENT VARIÉ

12. Étude du mouvement d'un corps qui tombe.

Pour étudier un mouvement varié, nous considérerons celui d'un corps qui tombe et nous utiliserons comme ap-

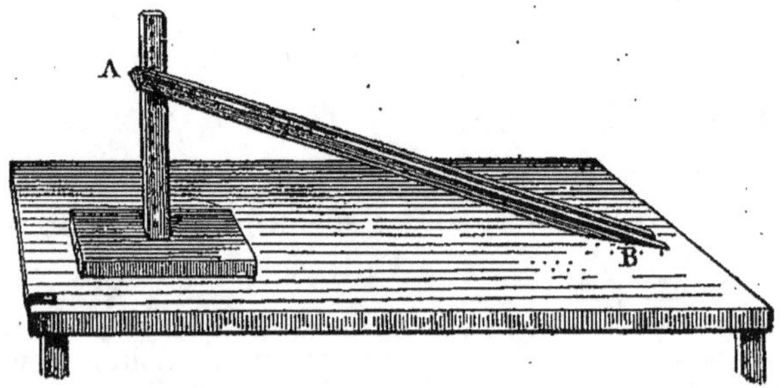

FIG. 14. — Etude d'un mouvement uniformément accéléré à l'aide du plan incliné.

pareil d'étude un plan incliné (§ 5) formé d'une longue barre en bois AB de 4^m,80, creusée dans sa longueur d'une rigole ou d'une rainure le long de laquelle nous aurons cloué bout à bout à partir de B des mètres en bois, ou collé simplement des bandes de papier divisées en centimètres (*fig.* 14). Un métronome battant la seconde nous servira à compter les temps.

L'appareil reposant sur le sol, soulevons l'extrémité A de 20 centimètres (*fig.* 15), alors le sinus de l'angle

$ABC = \dfrac{20}{480} = \dfrac{1}{24}$. Si nous prenons comme mobile une bille du poids de 72 grammes, celle-ci sera entraînée par une force de $\dfrac{72^{gr}}{24} = 3$ grammes (§ 5). Cherchons où il faut placer la bille pour qu'en l'abandonnant au commence-

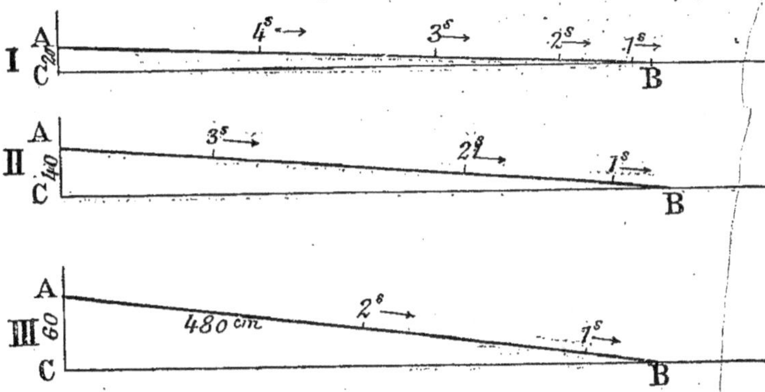

Fig. 15. — En I, le rapport $\dfrac{AC}{AB} = \dfrac{1}{24}$, la force agissante P' est égale à $\dfrac{1}{24}$ du poids du corps; 1, 2, 3, 4, positions pour lesquelles la bille met 1ˢ, 2ˢ, 3ˢ, 4ˢ, pour arriver en B. En II, le rapport $\dfrac{AC}{AB} = \dfrac{2}{24}$, la force agissante est égale à 2P'. En III, le rapport $\dfrac{AC}{AB} = \dfrac{3}{24}$, la force agissante est égale à 3P'.

ment d'une seconde; elle vienne buter contre une règle placée en B au moment où l'on entend le battement suivant du métronome. Après une série de tâtonnements nous trouvons que l'espace parcouru pendant une seconde est d'environ 20 centimètres.

Recommençons l'expérience mais de manière que la bille arrive en B à la fin de la deuxième seconde; nous voyons qu'il faut placer la bille à 80 centimètres de B. Par deux autres expériences nous trouvons qu'au bout de 3, puis de 4 secondes, il faut placer la bille respectivement à 180 et à 320 centimètres.

Réunissons ces résultats en un tableau :

TABLEAU I. — Force motrice = poids de 3 grammes

Au bout de 1 *seconde, l'espace franchi est* 20 *centimètres.*

—	2	—	—	80	—
—	3	—	—	180	—
—	4	—	—	320	—

Or ces nombres n'ont pas des valeurs quelconques; ils se succèdent suivant un ordre remarquable comme le montre le tableau suivant :

$$20 = 20 \times 1 = 20 \times 1^2$$
$$80 = 20 \times 4 = 20 \times 2^2$$
$$180 = 20 \times 9 = 20 \times 3^2$$
$$320 = 20 \times 16 = 20 \times 4^2$$

Est-ce un résultat fortuit ou régulier ? Pour dégager ce qu'il y a de constant dans le phénomène, faisons **varier** la cause du mouvement, c'est-à-dire la force agissante. Par exemple, portons la hauteur AC à 40 centimètres (*fig.* 15, II), alors le sinus de l'angle $\text{ACB} = \dfrac{40}{480} = \dfrac{1}{12} = \dfrac{1}{24} \times 2$, sa valeur a *doublé*, il en est *de même de la force motrice.*

$$f = \frac{72}{12} = 3^{\text{gr}} \times 2.$$

La mesure des espaces, faite dans ces nouvelles conditions, nous donne les résultats suivants :

TABLEAU II. — Force motrice = poids de 3 grammes $\times$ 2

	Temps considérés.	Espaces franchis.
1er RÉSULTAT :	1 *seconde*	$40^{\text{cm}} = 40 \times 1$
	2 —	$160^{\text{cm}} = 40 \times 2^2$
	3 —	$360^{\text{cm}} = 40 \times 3^2$

2ᵉ Résultat : *L'espace franchi pendant la première se-conde a doublé.*

Recommençons l'expérience en portant cette fois la hauteur AC à 60 centimètres (*fig.* 15, III). Le sinus de l'angle

$$ACB = \frac{60}{480} = \frac{1}{8} = \frac{1}{24} \times 3.$$

Sa valeur a *triplé; il en est de même de la force motrice :*

$$f = 3^{gr} \times 3.$$

Les résultats obtenus sont les suivants :

Tableau III. — Force motrice = poids de 3 grammes × 3

	Temps considérés.	Espaces franchis.
1ᵉʳ Résultat :	1 *seconde*	$60^{cm} = 60 \times 1$
	2 —	$240^{cm} = 60 \times 2^2$

2ᵉ Résultat : *L'espace franchi pendant la première se-conde a triplé.*

13. Généralisation des résultats. — Loi des espaces.

Ainsi, de l'ensemble des résultats recueillis, deux faits se dégagent avec netteté :

A. *Quand la force motrice devient 2, 3 fois plus grande, l'espace franchi pendant la première seconde devient aussi 2, 3 fois plus grand;*

B. *Les espaces parcourus par un corps qui tombe pendant t secondes sont égaux au produit de l'espace e′ parcouru pendant la première seconde par le carré du nombre de secondes t :*

$$e = e' \times t^2.$$

A cause des dimensions restreintes de l'appareil, il n'est

pas possible de poursuivre plus loin les expériences. Mais la constance des résultats obtenus nous autorise à les généraliser et à les appliquer au mouvement d'un corps tombant en chute libre.

Supposons donc qu'on augmente progressivement la hauteur AC, la valeur de la force motrice ira en augmentant jusqu'à ce que le plan incliné soit vertical. Alors la *bille tombera sous l'action de son* propre poids, c'est-à-dire en chute libre. L'angle ABC étant droit, son sinus est alors égal à 1, c'est-à-dire qu'il est 24 fois plus grand que dans la première expérience, le *poids moteur est lui-même 24 fois plus grand* et, par suite (d'après la conclusion A), le *chemin parcouru pendant la première seconde sera également 24 fois plus grand*, soit :

$$20^{cm} \times 24 = 480 \text{ centimètres.}$$

En réalité, les nombres que nous avons obtenus sont tous un peu faibles à cause des frottements, de la résistance de l'air et de la difficulté à mesurer les longueurs avec exactitude ; aussi, au nombre $4^m,80$ substituerons-nous le nombre $4^m,90$, plus voisin de la valeur exacte.

Dans ces conditions, les espaces parcourus pendant 1, 2, 3, 4, ... t secondes seront (conclusion B) :

Temps considérés.	Espaces parcourus.
1 *seconde*	$4^m,90$
2 —	$4^m,90 \times 2^2$
3 —	$4^m,90 \times 3^2$
4 —	$4^m,90 \times 4^2$
... .	.....
t —	$4^m,90 \times t^2$

L'expérimentation d'abord puis la **généralisation** des résultats acquis nous ont conduits à établir que le mouvement de la chute des corps suit une loi s'énonçant ainsi :

LOI DES ESPACES. — Les espaces parcourus par un corps qui tombe librement dans le vide (¹) sont proportionnels aux carrés des temps mis à les parcourir.

La figure 16 représente la courbe des espaces.

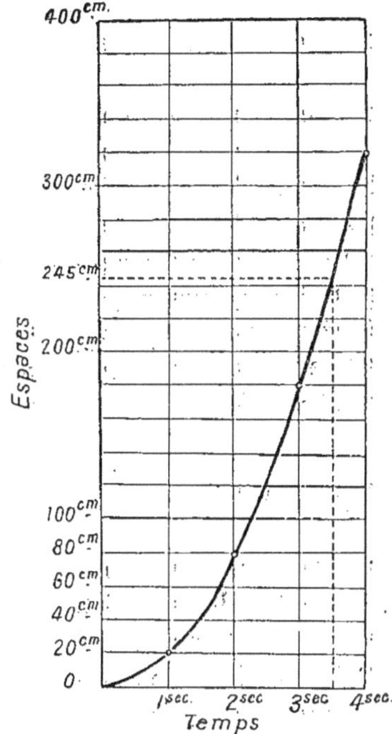

Fig. 16. — Graphique d'un mouvement uniformément accéléré.

14. Nature du mouvement de la chute d'un corps. — Mouvement uniformément varié.

Le tableau précédent permet de connaître l'*espace parcouru* pendant chacune des secondes successives, par un corps qui tombe. On a les résultats suivants :

Secondes considérées.			Espaces parcourus.
1re seconde			$4^m,90$
2e —	$4^m,90 \times 2^2 - 4^m,90$		$= 4^m,90 \times 3$
3e —	$4^m,90 \times 3^2 - 4^m,90 \times 2^2$		$= 4^m,90 \times 5$
4e —	$4^m,90 \times 4^2 - 4^m,90 \times 3^2$		$= 4^m,90 \times 7$
. . . . .	. . . . .		. . . . .
. . . . .	. . . . .		. . . . .

(¹) On comprend que cette loi ne peut rigoureusement s'appliquer que si toute cause de perturbation est éliminée. Or, nous avons vu, à propos des aéroplanes (*Cours de 2e année, § 37*), que l'air oppose au mouvement une résistance qui croît comme le carré de la vitesse.

Augmentation *régulière* par seconde $= 4^m,90 \times 2 = 9^m,80$.

Ainsi les espaces franchis pendant les secondes successives vont en augmentant sans cesse d'une *quantité constante*. Le mouvement n'est donc pas uniforme (§ 10), on l'appelle **mouvement uniformément varié**.

Dans un tel mouvement, la vitesse s'accroît sans cesse, aussi ne saurait-il être question d'une vitesse unique comme pour le mouvement uniforme. En réalité, on ne peut jamais considérer que des vitesses particulières, celles que le mobile possède à des instants donnés.

Cela posé, on appelle vitesse d'un mouvement uniformément varié la vitesse du mouvement **uniforme** *(§ 10) qui succède à ce mouvement varié lorsqu'on supprime la force motrice qui en est la cause.*

15. Loi des vitesses.

A l'aide du plan incliné on peut déterminer les vitesses acquises au bout de 1, 2, 3, 4, ... secondes, par un corps qui tombe. En effet quand la bille arrive au bas de la pente, si elle rencontre un plan horizontal, elle continue à se déplacer; cette fois son mouvement n'a plus lieu sous l'action de la pesanteur mais seulement en vertu de l'inertie de la matière, c'est-à-dire que ce mouvement est **uniforme**. La *longueur, comptée à partir de* **B**, *du chemin parcouru en 1 seconde sur ce plan horizontal mesure, par définition, la vitesse du mouvement uniformément varié au moment de la suppression de la force motrice.*

Ceci posé, reprenons l'expérience I ; portons la bille successivement aux divisions 20^{cm}, 80^{cm}, 180^{cm}, 320^{cm} (§ 12), et mesurons, dans chaque cas, l'espace qu'elle franchit en 1 seconde sur le plan horizontal à partir de B; nous trouvons 40^{cm}, 80^{cm}, 120^{cm}, 160^{cm}.

Faisons de même pour les expériences II et III, puis dressons un tableau des résultats obtenus :

VITESSES EN CENTIMÈTRES ACQUISES PAR UN CORPS DE 72 GRAMMES SOUS L'ACTION DE DIFFÉRENTES FORCES

TEMPS	POIDS DE 3^{gr}	POIDS DE 6^{gr}	POIDS DE 9^{gr}	.....	POIDS DE 72^{gr} (chute libre)
A la fin de la 1re sec.	40^{cm} $\times$ 1	80^{cm} $\times$ 1	120^{cm} $\times$ 1	.....	980^{cm} $\times$ 1
2^e	40^{cm} $\times$ 2	80^{cm} $\times$ 2	120^{cm} $\times$ 2	.....	980^{cm} $\times$ 2
3^e	40^{cm} $\times$ 3	80^{cm} $\times$ 3	120^{cm} $\times$ 3	.....	980^{cm} $\times$ 3
.	.	.	.	.	.
.	.	.	.	.	.
.	.	.	.	.	.
t^o	40^{cm} $\times$ t	80^{cm} $\times$ t	120^{cm} $\times$ t	.....	980^{cm} $\times$ t
Augmentation régulière de la vitesse par seconde.......	40^{cm}	80^{cm}	120^{cm}	.....	980^{cm}
Espace parcouru pendant la 1re seconde (§ 12)............	20^{cm}	40^{cm}	60^{cm}	.....	490^{cm}

La comparaison de ces résultats conduit aux conclusions suivantes :

I. Loi des vitesses. — Les vitesses acquises par un corps qui tombe sont proportionnelles aux temps mis à les acquérir.

II. *La vitesse s'accroît chaque seconde d'une quantité constante appelée* accélération.

III. *L'accélération a la même valeur que la vitesse à la fin de la première seconde, et une valeur double de l'espace parcouru pendant la première seconde.*

L'accélération du mouvement d'un corps tombant en chute libre est 980 centimètres.

IV. *Les* accélérations *que prend un* même corps *tombant sous l'action de divers poids sont* proportionnelles à ces poids.

16. Relations caractéristiques d'un mouvement uniformément varié.

La loi des espaces et celle des vitesses que nous venons d'établir sont *toutes deux* caractéristiques d'un mouvement uniformément varié (¹), celui-ci est donc suffisamment défini par l'une d'elles.

Désignons l'accélération évaluée en centimètres par **g**.
— la vitesse — — **v**.
— le temps évalué en secondes par **t**.

La loi des vitesses nous donnera la relation suivante :

$$v = gt. \tag{2}$$

D'autre part, l'espace **e′** parcouru pendant la première seconde par un corps tombant en chute libre étant égal à $\frac{1}{2}g$ (§ 15, III), l'espace **e** parcouru pendant *t* secondes est, d'après la loi des espaces (§ 13, B) :

$$e = \frac{1}{2}g \times t^2. \tag{3}$$

17. Caractère du mouvement produit par une force constante.

Dans toutes les expériences précédentes la bille était mise en mouvement par l'action d'une force motrice *f* dont la direction était parallèle au plan **BA**, c'est-à-dire d'une force constante en grandeur et en direction ou, comme on dit, d'une **force constante**, d'où la conclusion suivante :

Lorsqu'un corps est soumis à l'action d'une force constante il est animé d'un mouvement uniformément varié dont la direction est celle de la force.

Réciproquement :

(¹) Quand l'accélération est croissante, le mouvement est dit *uniformément accéléré* (EX. : corps qui tombe); quand elle est décroissante, il est dit *uniformément retardé* (EX. : balle lancée verticalement).

Lorsqu'un mobile est animé d'un mouvement uniformément varié, c'est qu'il est soumis à l'action d'une force constante.

18. Expériences. — Réaliser les expériences décrites au cours de ce chapitre. Afin d'éviter l'encombrement causé par une longue barre, on pourra utiliser un plan incliné de 1^m,50 environ; pour mesurer le temps on emploiera avantageusement un vase de Mariotte dont l'écoulement peut être arrêté à volonté au moyen d'une pince fermant un tube de caoutchouc monté sur le tube inférieur (*fig.* 16 *bis*). On disposera un tube gradué en dixièmes de cm^3 sous le flacon pour recueillir l'eau écoulée et, en prenant la moyenne de plusieurs expériences préalables, on déterminera le nombre de divisions correspondant à l'écoulement de l'eau pendant 1 seconde; soit 20 divisions, chacune d'elles correspondra à $\dfrac{1}{20}$ de seconde.

La bille étant placée dans la rainure du plan incliné et maintenue par un élève, à un signal celui-ci l'abandonne pendant qu'un autre élève desserre au même moment la pince, pour la refermer aussitôt que la bille vient heurter l'arrêt. Pour connaître la durée du mouvement il suffit de lire le niveau de l'eau dans le tube gradué. Afin d'avoir des mesures un peu précises, on recommencera plusieurs fois la même expérience et l'on prendra la moyenne des résultats.

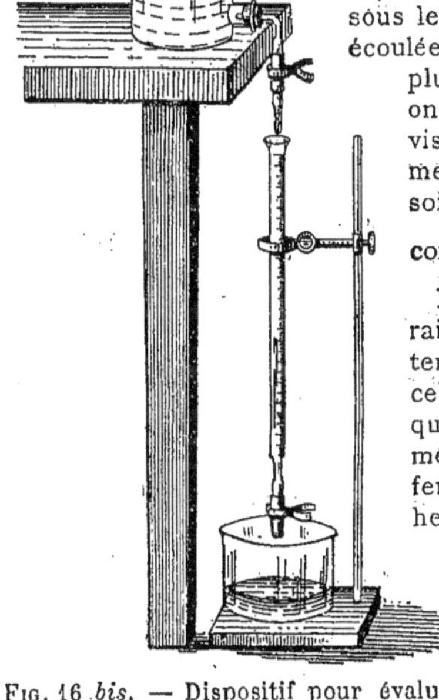

Fig. 16 .*bis.* — Dispositif pour évaluer des fractions de secondes dans les expériences relatives à l'étude d'un mouvement uniformément varié.

(1) Ce procédé, renouvelé de Galilée, a été indiqué par M. Seignier, professeur au collège de Meaux, dans la *Revue de l'Enseignement des Sciences* (Le Soudier, édit.).

CHAPITRE III

POIDS ET MASSE D'UN CORPS

SYSTÈME C. G. S.

PLAN

Poids d'un corps		C'est la force d'attraction de la pesanteur sur un corps. Le poids d'un corps varie avec la distance de ce corps au centre de la Terre (latitude et altitude).
Masse d'un corps	Définition	C'est la quantité de matière que renferme un corps.
	Importance	Cette grandeur est *indépendante* du lieu et, par suite, caractérise chaque corps.
	Mesure	Se déduit de la comparaison des poids d'après les définitions suivantes : *a)* On dit que deux corps A et B ont des masses égales quand ils ont *même poids* en un *même lieu*. *b)* On dit qu'un corps A a une masse 2, 3, 4, ... fois plus grande qu'un autre B lorsque, en un *même lieu*, son *poids* est 2, 3, 4, ... fois plus grand que celui de B. L'*unité* de masse est le *gramme*. Mesures effectives : masses marquées employées dans le commerce.
Système de mesures C. G. S.	Principe	La mesure d'une grandeur quelconque peut toujours se rattacher directement ou indirectement à celle de trois grandeurs distinctes : une longueur — une masse ou quantité de matière — une durée.
	Unités fondamentales	de longueur : le *centimètre* $= \dfrac{1}{100}$ du mètre étalon. de masse : le *gramme* $= \dfrac{1}{1.000}$ du kilogramme étalon. de durée : la *seconde*.

19. Variations du poids d'un corps avec sa distance au centre de la Terre.

Jusqu'ici nous avons considéré le poids d'un corps, c'est-à-dire la force qui l'attire vers le centre de la Terre, comme une grandeur constante ; en réalité sa valeur varie, car la pesanteur est un cas particulier de l'attraction universelle dont la loi, découverte par Newton, s'énonce ainsi :

Tous les corps s'attirent en raison directe de leurs masses et en raison inverse du carré de la distance de leurs centres.

D'après cela, un corps pèse d'autant plus vers un autre B qu'il est plus fortement attiré par celui-ci et la force attractive d'un corps dépend de la masse, c'est-à-dire de la quantité de matière qu'il renferme. Or, pour prendre un exemple, la planète Mars a une plus faible masse que la Terre, donc les corps y doivent peser moins ; ainsi un homme du poids de 80 kilogrammes transporté sur cette planète n'y pèserait que 29 kilogrammes environ, tandis que sur Jupiter son poids serait de 200 kilogrammes environ, les poids étant mesurés au dynamomètre.

Dans des proportions bien moins grandes la même variation du poids d'un corps s'observe sur la Terre.

Comme elle est aplatie au pôle et renflée à l'équateur, la distance de la surface du sol au centre du globe *augmente* quand on se dirige de la première région vers la deuxième et, par suite, le poids d'un corps doit aller en diminuant quand on se dirige du pôle vers l'équateur ; il doit en être de même quand on s'élève sur une montagne ou en ballon ; c'est ce que des expériences délicates ont vérifié. Dans l'un et l'autre cas, on voit que l'action de la pesanteur diminue à mesure qu'on s'éloigne du centre de la Terre. Donc le poids d'un corps varie avec la latitude et avec l'altitude.

20. Notion de masse.

Le poids d'un corps varie d'un lieu à un autre, mais, en un même lieu, le poids des différents corps varie avec la quantité de matière qu'ils renferment ou, comme on dit, avec leur masse.

Cette notion de masse a une importance scientifique considérable : la masse d'un corps, en effet, est une grandeur invariable qui ne dépend pas du lieu comme son poids ; un ballot de marchandises transporté de l'équateur vers le pôle renferme toujours la même quantité de matière, bien que son poids varie. C'est pour cette raison que la masse a été adoptée en physique pour caractériser les corps. C'est d'ailleurs une notion tout intuitive; lorsque nous achetons une livre de sucre, c'est bien la quantité de matière et non l'action de la pesanteur sur elle que nous considérons. Toutefois, par suite d'une liaison étroite entre la mesure du poids d'un corps et celle de sa masse, on confond ordinairement ces deux notions; aussi n'est-il pas inutile, pour la clarté même des explications ultérieures, de les distinguer maintenant l'une de l'autre et de montrer la nature de leur rapport.

21. Notions sur la mesure de la masse.

A. — Considérons deux volumes égaux d'une même substance homogène comme 2 litres d'eau pure, à la même température ([1]). Le premier litre contient évidemment la *même quantité de matière* que le second, et, si nous les suspendons successivement à un dynamomètre, nous vérifions qu'ils ont des *poids égaux*.

B. — Soient maintenant deux volumes inégaux d'eau pure, 13 litres $\frac{1}{2}$ et 1 litre par exemple. Il est évident que le premier volume contient 13 *fois* $\frac{1}{2}$ *plus de matière* que le second.

On constate aussi, par les indications du dynamomètre, que le *poids* de 13 litres $\frac{1}{2}$ d'eau *vaut* 13 *fois* $\frac{1}{2}$ celui de 1 litre au même endroit.

C. — Considérons enfin 1 litre de mercure et 1 litre d'eau; les volumes de ces corps sont égaux, mais, au dynamomètre, nous constatons que le poids du premier est

---

([1]) Voir, *Cours* de 1ʳᵉ année, l'étude sur les dilatations.

13 fois $\frac{1}{2}$ celui du deuxième. Par analogie avec le cas précédent, on *admet* que la *masse de 1 litre de mercure* vaut aussi 13 *fois* $\frac{1}{2}$ *celle de 1 litre d'eau.*

En résumé, nous jugeons du rapport des masses des corps par celui des poids. Or, si les poids de deux corps varient d'un lieu à un autre, *il n'en est pas de même du rapport de ces poids :* en tout point du globe, 13 litres $\frac{1}{2}$ d'eau pèseront toujours 13 fois $\frac{1}{2}$ plus que 1 litre.

D'où les définitions suivantes :

a) Définition de deux masses égales. — *On dit que deux corps* A *et* B *ont des masses égales quand ils ont même poids en un même lieu.*

b) Définition d'une masse 2, 3, 4, ... fois plus grande qu'une autre. — *On dit qu'un corps* A *a une masse 2, 3, 4, ... fois plus grande qu'un autre* B, *lorsque, en un même lieu, son poids est 2, 3, 4, ... fois plus grand que celui de* B.

Ceci posé, il ne reste plus qu'à définir l'unité de masse et l'on pourra mesurer les masses.

22. Unité de masse.

L'unité de masse adoptée en physique est le gramme.

C'est à peu près exactement la masse de 1 centimètre cube d'eau distillée à la température de 4° centigrades ([1]).

Afin de pouvoir mesurer la masse des corps, on a, en outre, adopté des *multiples* et des *sous-multiples* du gramme, de dix en dix fois plus grands ou plus petits que lui.

On a établi des mesures effectives de masses dont l'en-

([1]) D'après les travaux les plus récents, la masse de 1 centimètre cube d'eau pure à 4° sous la pression atmosphérique normale est 0^{gr},999972.

semble constitue les séries de masses marquées décrites en système métrique et employées dans le commerce (vulgairement appelées poids marqués).

La mesure des masses se fait à l'aide de la balance(¹).

23. Système C. G. S.

En étudiant le mouvement uniformément varié, nous avons vu que la *vitesse* dépend de l'*espace* et du *temps;* nous verrons bientôt que la valeur d'une *force* dépend de la *masse* du corps soumis à son action et de l'*accélération* qu'elle lui communique. La plupart des grandeurs étudiée en physique dépendent ainsi les unes des autres. Ce sont, comme on dit, des grandeurs dérivées et leurs unités de mesure sont elles-mêmes des unités dérivées.

Il existe par contre un petit nombre de grandeurs, une longueur par exemple, qui peuvent être considérées comme indépendantes et à l'aide desquelles on peut définir toutes les autres : on les appelle **grandeurs fondamentales.** Ce sont : 1° une *longueur;* 2° une *masse* ou quantité de matière ; 3° une *durée.* Ces grandeurs se rapportent aux notions fondamentales d'espace, de masse, de temps.

Espace. — L'expérience nous apprend qu'il nous est possible de changer notre position relativement à celles des autres objets et que ceux-ci peuvent aussi se déplacer les uns par rapport aux autres : d'où la notion d'*espace.*

Masse. — Quand nous déplaçons des objets, nous avons conscience que nous faisons un effort musculaire continu

---

(¹) Remarquons que ce qui agit sur les bras du fléau, ce ne sont pas les masses, mais les **poids** des corps suspendus. Si ces poids sont égaux, ils tirent également les extrémités du fléau. S'ils sont inégaux, le plus grand tire avec plus **de force** que l'autre, et fait incliner le fléau de son côté. En réalité, c'est donc l'égalité des poids que nous constatons. Mais, comme *l'égalité des poids en un même lieu entraine l'égalité des masses* (§ 21), nous pouvons très bien mesurer une masse au moyen de la balance.

et nous rapportons la notion de masse à la *résistance* que nous éprouvons.

Temps. — Nous reconnaissons que les événements se produisent dans un certain ordre, ce qui nous amène à la notion de *temps*.

Pour mesurer les grandeurs fondamentales on a choisi les unités suivantes :

1° *Unité de longueur* : le **centimètre** ;

2° *Unité de masse* : le **gramme** ;

3° *Unité de durée* : la **seconde**.

Le **centimètre** *est la centième partie du mètre légal*, c'est-à-dire de *la longueur, prise à 0° centigrade, de l'étalon en platine iridié* [1] *déposé au Bureau international des poids et mesures* [2].

Le **gramme** *est la millième partie de l'unité légale de masse*, c'est-à-dire du *kilogramme étalon en platine iridié* [1] *déposé au Bureau international des poids et mesures*.

Toutes les autres unités employées en physique dérivent des trois unités principales : centimètre, gramme, seconde.

Ce système de mesures, *plus général* que le système métrique, a été désigné par les initiales desnoms de ses unités fondamentales, on l'appelle système C. G. S.

[1] Cet étalon a été défini par la loi du 11 juillet 1903.
[2] Ce bureau est établi au pavillon de Breteuil, à Sèvres, près Paris.

CHAPITRE IV

MESURE D'UNE FORCE
PAR LE
MOUVEMENT QU'ELLE PRODUIT
TRAVAIL — PUISSANCE

PLAN

I. — Mesure d'une force par le mouvement qu'elle produit.

Généralisation
Lorsqu'un corps est sollicité par une force constante :
1° Il possède une accélération constante;
2° Sa vitesse est proportionnelle à la durée de l'action de la force ;
3° Le chemin qu'il parcourt, compté à partir du repos, est proportionnel au carré de la durée de l'action de la force.

Mesure d'une force Définitions fondamentales
a) Une force A est *égale* à une force B lorsqu'elle communique à une même masse la même accélération.
b) Une force A est 2, 3, 4, ... fois plus grande qu'une autre B, lorsqu'elle communique, à une même masse, des accélérations 2, 3, 4, ... fois plus grandes que l'accélération communiquée par B.
c) Lorsque plusieurs forces communiquent la même accélération à des masses différentes, elles sont proportionnelles à ces masses.

Unité de mesure
C'est la force constante capable de communiquer à la masse du gramme une accélération de 1 centimètre par seconde. On la nomme la dyne (environ le poids d'un milligramme).

Relations générales
$F = mg$ (m = masse évaluée en grammes ; g = accélération mesurée en centimètres ; F = force en dynes).

Application au poids des corps
$P = mg$ dynes.

II. — Travail. — Puissance.

Travail

Définition du travail
Une force produit du travail lorsqu'elle déplace son point d'application.

Sa mesure
Elle est égale au produit de la force par le déplacement de son point d'application dans la direction du déplacement.
Dans le système $C. G. S.$, l'unité de travail est l'*erg* ; on emploie une unité secondaire, le *joule*, qui vaut $10.000.000 = 10^7$ ergs.
Dans l'industrie, l'unité de travail usitée est le *kilogrammètre*.

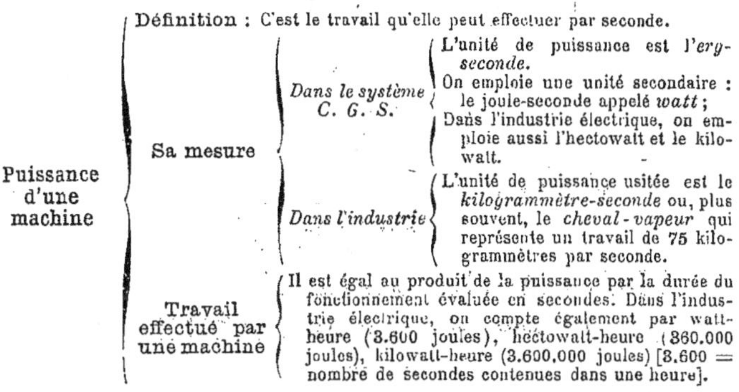

Puissance d'une machine

- Définition : C'est le travail qu'elle peut effectuer par seconde.
- Sa mesure
  - *Dans le système C. G. S.* : L'unité de puissance est l'*erg-seconde*. On emploie une unité secondaire : le joule-seconde appelé *watt* ; Dans l'industrie électrique, on emploie aussi l'hectowatt et le kilowatt.
  - *Dans l'industrie* : L'unité de puissance usitée est le *kilogrammètre-seconde* ou, plus souvent, le *cheval-vapeur* qui représente un travail de 75 kilogrammètres par seconde.
- Travail effectué par une machine : Il est égal au produit de la puissance par la durée du fonctionnement évaluée en secondes. Dans l'industrie électrique, on compte également par watt-heure (3.600 joules), hectowatt-heure (360.000 joules), kilowatt-heure (3.600.000 joules) [3.600 = nombre de secondes contenues dans une heure].

I. — GÉNÉRALISATION. — MESURE D'UNE FORCE PAR LE MOUVEMENT QU'ELLE PRODUIT. — APPLICATION AU POIDS D'UN CORPS.

24. Généralisation.

Le poids d'un corps en un lieu donné étant une force constante, toutes les conclusions auxquelles nous sommes arrivés au cours de l'étude du mouvement uniformément varié (§ 13 et 15) conviennent aux forces constantes en général. Nous pouvons donc énoncer la loi suivante :

Loi. — Lorsqu'un corps est sollicité par une force constante :

1° Il possède une accélération constante ;

2° Sa vitesse est proportionnelle à la durée de l'action de la force ;

3° Le chemin qu'il parcourt, compté à partir du repos, est proportionnel au carré de la durée de l'action de la force.

Nous allons aborder maintenant la mesure d'une force constante par le mouvement qu'elle produit ou, plus précisément, par l'accélération de ce mouvement ([1]).

([1]) On peut encore, en effet, définir les forces comme les *causes des accélérations croissantes ou décroissantes du mouvement des corps*. Cette définition précise celle qui a été donnée au paragraphe 3.

a) Définition d'une force égale à une autre. — On dit qu'une force **A** *est égale à une autre* **B**, *si elles communiquent toutes deux la* **même accélération** *à une* **même masse**.

Nous avons vu (§ 15,IV) que des poids différents communiquent à une même masse des accélérations proportionnelles aux intensités de ces poids. Cette relation conduit à la définition suivante :

b) Définition d'une force 2, 3, 4, ... fois plus grande qu'une autre. — On dit qu'une force **A** est 2, 3, 4, ... fois plus grande *qu'une autre* **B**, *lorsqu'elle communique à une masse donnée des* accélérations 2, 3, 4, ... fois plus grandes *que l'accélération communiquée par* **B**.

D'autre part si, dans les expériences du plan incliné, on prend une bille ayant une masse 2,3,4,... fois plus grande, son poids est aussi 2, 3, 4, ... fois plus grand et il en est de même de la force agissante f ; or on constate que la valeur de l'accélération *ne change pas*. En généralisant cette conclusion on a la relation suivante :

c) Lorsque plusieurs forces communiquent la **même accélération** *à des masses différentes, elles sont* **proportionnelles** *à ces masses.*

Ceci posé, il est facile d'arriver à la mesure des forces.

25. Unité de force.

On convient de prendre pour **unité** de force *la force constante capable d'imprimer à la masse* **du gramme** une *accélération de 1 centimètre par seconde :* on la désigne par le nom de **dyne** ([1]).

26. Mesure d'une force par l'accélération qu'elle communique à un corps.

Soit à déterminer la valeur d'une force F qui commu-

([1]) La dyne est une grandeur *constante*, puisque les grandeurs qui servent à la déterminer sont elles-mêmes constantes.

nique une accélération de 50 centimètres à une masse de 250 grammes.

Pour communiquer à 1^{gr} une accélération de 1^{cm} par seconde, il faut (§ 25) :

$$1 \text{ dyne.}$$

Pour communiquer à 1^{gr} une accélération de 50^{cm} par seconde, il faut (§ 24, *b*) :

$$1 \times 50 \text{ dynes.}$$

Pour communiquer la *même* accélération à une masse de 250 grammes, il faut (§ 24, *c*) :

$$1 \times 50 \times 250 \text{ dynes.}$$

Donc :

$$F = 250 \times 50 \text{ dynes.}$$

D'une manière générale, quand une force communique à une masse **m** exprimée en grammes une accélération **g** exprimée en centimètres, sa **mesure f** est donnée par la relation suivante :

$$f = mg, \tag{4}$$

et le produit[1] exprime alors des **dynes**.

27. Application.

Quelle est, en dynes, la valeur d'une force qui imprime à une masse de 45 décagrammes une accélération de $2^m,85$?

SOLUTION :

Masse................... $= 450$ grammes.
Accélération........... $= 285$ centimètres.

---

[1] Ce cas, où la mesure d'une grandeur est donnée par le produit de la mesure de deux autres, n'est pas nouveau. Un exemple bien connu est celui de la mesure de la surface d'un rectangle.

$$\text{Intensité de la force}\ldots\ldots = 450 \times 285$$
$$= 128.250 \text{ dynes.}$$

En résumé, la mesure d'une force par le mouvement qu'elle produit s'obtient par la détermination de deux grandeurs facilement mesurables : 1° *une longueur*, à l'aide du mètre ; 2° *une masse*, au moyen de la balance.

28. Valeur de l'accélération due à la pesanteur.

Les expériences réalisées avec le plan incliné nous ont déjà fait connaître une valeur approchée de l'accélération communiquée par la pesanteur aux corps tombant en chute libre. En réalité, les mesures effectuées de cette manière manquent de précision, car de nombreuses causes d'erreur : difficulté d'une observation exacte, frottements divers, résistance de l'air, etc., interviennent pour fausser les résultats. Aussi a-t-on employé d'autres procédés pour déterminer avec exactitude la valeur de l'accélération due à la pesanteur, on a trouvé les nombres suivants :

A l'équateur.......................... $978^{cm},08$
A la latitude de 45°.................. $980^{cm},63$
A Paris............................... 981^{cm}
A la latitude de 80°................. 983^{cm}
Au pôle.............................. $983^{cm},16$

29. Poids d'un corps évalué en dynes.

Le poids P d'un corps est une force; aussi a-t-on, d'après la relation (4) :

$$P = mg. \qquad (5)$$

Par exemple une masse de **1** kilogramme aura

A Paris, un poids de $1.000 \times 981 \quad = 981.000$ dynes.
Au pôle,   — $1.000 \times 983,16 = 983.160$ —
A l'équateur, — $1.000 \times 978,08 = 978.080$ —

ainsi se trouve précisé, *numériquement*, ce fait donné par l'expérience (§ 19) que le poids d'un corps varie avec la latitude.

30. Idée de la dyne.

La dyne est une force très petite ; pour avoir une idée de sa grandeur, calculons la *valeur de la masse dont le poids est d'une dyne à Paris*. D'après la relation générale $P = mg$, nous avons :

$$1 \text{ dyne} = m \times 981,$$

d'où :

$$m = \frac{1}{981} = 0^{gr},001019.$$

La dyne correspond donc sensiblement au poids d'une masse de 1 milligramme. Le poids d'une masse de 1 kilogramme à Paris est égal à 981.000 dynes, et l'on voit que, pour exprimer en dynes les poids de corps dont les masses sont relativement petites : 1, 2, 3, ... kilogrammes, on se trouve amené à employer des nombres très grands. Aussi fait-on usage, comme en système métrique, d'*unités secondaires* telles que la **mégadyne**, qui vaut 1 million de dynes, soit un peu plus du poids de 1 kilogramme.

Ainsi, à Paris, le poids de 1 kilogramme est égal à 0,981 mégadyne, et 10 kilogrammes ont un poids de 9,81 mégadynes.

APPLICATION. — *Quelle masse faut-il ajouter à celle du kilogramme, considérée à l'équateur, pour que le **poids** de la nouvelle masse ainsi formée soit le même que celui du kilogramme au pôle ?*

SOLUTION :

Poids de la masse du kilogramme au pôle = 983.160 dynes.
—   —   à l'équateur = 978.080   —
                              EXCÈS....... =   5.080 dynes.

La valeur de la masse supplémentaire m qu'il faudra ajouter au kilogramme à l'équateur nous sera fournie par la relation générale :

$$P = mg,$$

où $g = 978,08$ (valeur de l'accélération à l'équateur). On a en effet :

$$5.080 = m^{gr} \times 978,08,$$

d'où

$$m = \frac{5.080}{978,08} = 5^{gr},20.$$

CONCLUSION. — Si, au pôle, le poids d'une masse de 1.000 grammes faisait fléchir d'une certaine longueur le ressort d'un dynamomètre très sensible, pour avoir la *même flexion* à l'équateur il faudrait *ajouter* à cette masse $5^{gr},2$, c'est-à-dire lui faire subir une augmentation de $\frac{52}{10.000}$, soit environ $\frac{1}{200}$ de sa valeur.

La variation que présente le poids d'un corps en passant d'un lieu à un autre est donc pratiquement assez faible. Elle est cependant considérable pour les physiciens, toujours soucieux d'exactitude et habitués aux mesures précises. Nous avons dit en effet (*Cours de 1re année*) qu'ils arrivent à peser une masse de 100 kilogrammes avec une erreur inférieure à 1 milligramme, par conséquent moindre de $\frac{0^{gr},001}{100.000} = \frac{1}{100.000.000}$ (un cent millionième) de la masse totale, soit 500.000 fois plus petite que la variation précédente.

31. Résumé.

Les notions essentielles à retenir de toute cette étude sont les suivantes :

1° **En un même lieu, la pesanteur** *communique la même accélération à tous les corps ;*

2° *L'accélération communiquée par la* **pesanteur varie d'un lieu à un autre,** *avec la distance de ce lieu au centre de la Terre ;*

3° *Le poids d'un corps est la force avec laquelle la pesanteur attire ce corps.* Cette force varie d'un lieu à un autre, comme l'accélération ;

4° En physique, le poids *d'un corps s'exprime en unités de force*, c'est-à-dire en **dynes.**

Il est donné par la relation générale :

$$P = mg;$$

5° C'est une faute de langage scientifique que d'employer le mot *poids* pour désigner *la quantité de matière d'un corps ;* dans ce dernier cas, on doit se servir du mot **masse ;**

6° La mesure de la masse d'un corps s'exprime en grammes.

II. — TRAVAIL. — PUISSANCE

32. Travail.

Lorsque nous soulevons une certaine masse, nous accomplissons un travail; un cheval qui tire une voiture, la vapeur qui pousse le piston du cylindre d'une machine à vapeur, produisent aussi du travail. La production de tout travail peut être rapportée à l'action d'une force sur un corps; Aussi dit-on, d'une manière générale, qu'*une force effectue un travail lorsqu'elle déplace son point d'application.*

33. Évaluation du travail d'une force.

Supposons deux hommes chargés de transporter des sacs de farine pesant 100 kilogrammes, l'un au premier étage d'un magasin, à 4 mètres de hauteur, l'autre au deuxième étage, à 8 mètres. Il est clair que, si ces deux hommes ont la même activité, le premier montera deux fois plus de sacs que le deuxième pendant le même temps, mais il ne serait pas exact de dire que le premier a travaillé deux fois plus que le second, car il faut tenir compte du chemin parcouru. Le travail accompli par chacun d'eux sera équitablement évalué si nous l'exprimons par le produit obtenu en multipliant le poids des sacs par la longueur du chemin parcouru. Si le premier ouvrier a transporté 5.000 kilogrammes et le second 2.500 kilogrammes, le travail du premier sera exprimé par :

$$5.000 \times 4 = 20.000,$$

celui du second par :

$$2.500 \times 8 = 20.000.$$

Ces deux produits étant égaux, le travail accompli par ces deux hommes est donc le même.

On évalue d'une manière analogue le *travail d'une force constante ; on le mesure en multipliant l'intensité de la force par le déplacement de son point d'application* dans sa propre direction.

Dans le système C. G. S., *l'unité de travail est le travail accompli par une force égale à 1 dyne, déplaçant son point d'application de 1 centimètre dans sa propre direction;* on l'appelle erg (du grec *ergon* = travail). Cette unité est très petite; ainsi une mouche d'une masse de $1^{cg},5$ a un poids de

$$0,015 \times 981 = 14^{dy},7$$

et effectue, pour s'élever de 10 centimètres le long d'une vitre, un travail de

$$14^{dy},7 \times 10^{cm} = 147 \text{ ergs.}$$

Aussi se sert-on, comme pour la mesure des forces, d'unités secondaires : la plus employée est le joule [1], qui vaut 10 millions d'ergs.

Dans l'industrie, où l'on continue à prendre comme unité de force le **poids** *de la masse du kilogramme* [2] primitive-

[1] Du nom d'un physicien anglais, Joule (1818-1889).
[2] On ne tient pas compte de la faible variation de poids due au changement de lieu, variation pratiquement négligeable.

ment adoptée en système métrique, *l'unité de travail est le travail nécessaire pour soulever un poids de* 1 *kilogramme à* 1 *mètre de hauteur;* on l'appelle le **kilogrammètre**. Évalué en unités C. G. S., le kilogrammètre vaut à Paris :

$$981.000^{\text{dynes}} \times 100^{\text{cm}} = 98.100.000 \text{ ergs ou } 9^{\text{joules}},81.$$

APPLICATIONS. — I. *Quel travail un touriste pesant* 75 *kilogrammes a-t-il effectué pour s'élever, en pays de montagnes, d'une hauteur de* 1.600 *mètres?*

1° *En kilogrammètres.* — Réponse :

$$75^{\text{kg}} \times 1.600^{\text{m}} = 120.000 \text{ kilogrammètres.}$$

2° *En unités C. G. S.* à la latitude de Paris. — Réponse :

$$9^{\text{joules}},81 \times 120.000 = 1.117.200 \text{ joules.}$$

II. *La surface d'un piston de machine à vapeur est de* 400 *centimètres carrés, sa longueur de course* 75 *centimètres; quel est le travail effectué par la vapeur à chaque coup de piston, sachant que sa force élastique est de* 4 *kilogrammes et que la température de l'eau du condenseur est de* 26°?(*La force élastique de la vapeur d'eau à* 26° *est de* 32^{gr},5.)

SOLUTION. — Valeur de la poussée réelle exercée sur toute la surface du piston :

$$(4^{\text{kg}} - 0^{\text{kg}},0325) \times 400 = 1.587 \text{ kilogrammes.}$$

Valeur du travail :

$$1.587^{\text{kg}} \times 0^{\text{m}},75 = 1.190^{\text{kgm}},25.$$

34. Puissance.

Pour comparer le travail de deux forces, il est nécessaire de considérer un nouvel élément : la **durée** de ce travail.

Ainsi un enfant et un homme peuvent transporter un même nombre de briques, mais le premier mettra plus de temps que le second. De même, une faible machine, travaillant dix jours, produira autant de travail qu'une machine, dix fois plus forte, travaillant un jour. Aussi considère-t-on le travail effectué dans l'unité de temps, on l'appelle **puissance**. L'unité de temps étant la seconde, *la puissance d'une machine est le travail qu'elle peut effectuer en une seconde*.

Dans le système C. G. S., l'unité de puissance est l'erg-seconde ou plus pratiquement le **joule-seconde** ou **watt**[1]. Une machine ayant une puissance de 20 kilowatts fournit donc un travail de 20.000 joules par seconde. Dans l'industrie électrique, on fait un usage courant du watt et surtout de l'hectowatt et du kilowatt.

Pour évaluer la puissance des machines à vapeur, des moteurs à essence, etc., l'unité de puissance employée dans l'industrie est le **kilogrammètre-seconde** et, plus fréquemment, le **cheval-vapeur**, qui est la puissance d'une machine pouvant effectuer un travail de 75 *kilogrammètres par seconde*[2]. Dire qu'une machine à vapeur a une puissance de 20 chevaux c'est dire qu'elle peut élever en une seconde,

$$75^{\text{kg}} \times 20 = 1.500 \text{ kilogrammes}$$

[1] Du nom d'un mécanicien anglais, Watt (1736-1819).

[2] Cette expression de cheval-vapeur a été créée au XVIIIᵉ siècle, par suite d'une comparaison faite entre la puissance des chevaux et celle des machines à vapeur. Mais, si un bon cheval peut produire un travail régulier de 75 kilogrammètres par seconde, il ne peut guère soutenir son effort plus de 8 heures par jour, tandis qu'une machine peut fonctionner 24 heures ; aussi une machine de 10 chevaux-vapeur peut-elle, en réalité, produire un travail journalier qui surpasse celui de 30 chevaux.

On tend à substituer au cheval-vapeur une autre unité de puissance, le *poncelet*, qui vaut 100 kilogrammètres par seconde, et sensiblement égale au kilowatt, car un poncelet = 0,981 kilowatt.

à 1 mètre de hauteur. On dit : une automobile forte de 24 chevaux ; la puissance d'une locomotive est de 300 chevaux ; dans l'industrie, on emploie des moteurs de 200, 500 chevaux ; les machines des énormes paquebots transatlantiques ont une puissance qui atteint, pour quelques-uns, 68.000 chevaux-vapeur (*Mauretania*, Comp^le Cunard).

CHAPITRE V

FORCE CENTRIFUGE — ESSOREUSES
TURBINES
POMPES CENTRIFUGES

PLAN

Définition | Force qui se développe quand un corps est animé d'un mouvement circulaire et qui tend à l'éloigner de son axe de rotation.

La valeur | Si m^{gr} = masse du corps ; v^{cm}, sa vitesse ; R^{cm}, sa distance au centre de rotation : cette valeur est $f^{dy} = \dfrac{mv^2}{R}$.

Applications | Essoreuses, turbines, écrémeuses, pompes centrifuges, etc. C'est à la force centrifuge qu'est dû l'aplatissement de la Terre aux pôles, ainsi que son renflement à l'équateur.

35. Force centrifuge : sa valeur.

Attachons un poids marqué de 100 grammes à l'extrémité d'une ficelle, puis, tenant à la main l'autre extrémité, imprimons à l'ensemble un mouvement de rotation de plus en plus rapide. A mesure que la vitesse s'accélère, nous sentons le poids marqué tendre de plus en plus la ficelle et, pour le retenir, nous sommes obligés de produire un certain effort bien supérieur à celui qui serait nécessaire pour le soutenir. Il semble que le poids marqué ait augmenté de poids ; cette augmentation est due au développement d'une force tendant à éloigner le corps en mouvement de son axe de rotation ; on donne à cette force le nom de force centrifuge. On démontre par le calcul que si la masse du corps est m grammes, sa vitesse v centimètres, sa distance au centre de rotation R centimètres, la valeur de la force centrifuge est donnée par la formule

$$f^{dynes} = \frac{mv^2}{R}.$$

Dans l'exemple précédent, $m = 100$; si $R = 100^{cm}$ et que le corps effectue deux tours par seconde, sa vitesse est égale au chemin parcouru :

$$\text{circonférence} \times 2 = (3{,}1416 \times 100 \times 2) \times 2$$
$$= 1256^{cm}{,}64 ;$$

la force centrifuge développée est donc égale à

$$f^{dy} = \frac{100 \times 1256{,}4^2}{100} = 1.579.043.$$

Comme le poids de 1 kilogramme équivaut à 981.000 dynes, cette force est égale au poids de

$$\frac{1.579.043}{981.000} = 1^{kg}{,}6,$$

soit 16 fois le poids de la masse en rotation.

36. Essoreuses.

On trouve une application simple de la force centrifuge dans l'emploi du panier métallique pour égoutter la salade. Quand on secoue violemment ce panier, les gouttelettes d'eau sont projetées par la force centrifuge à travers les treillis de fil de fer.

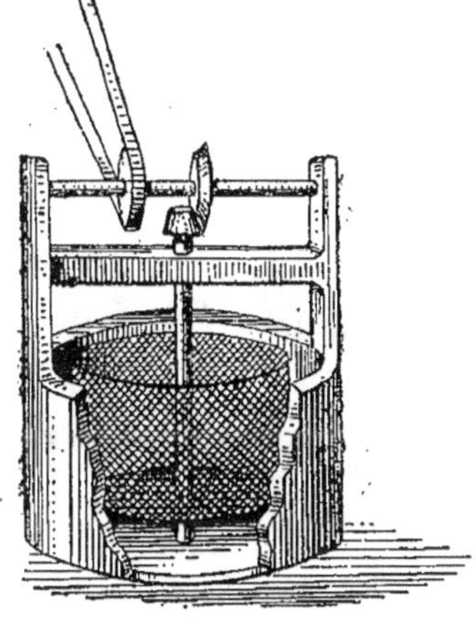

Fig. 17. — Turbine employée dans les sucreries (représentation schématique).

Dans l'industrie, on utilise des appareils analogues, mais plus grands, animés mécaniquement d'une grande vitesse autour d'un axe vertical (*fig.* 17). Sous le nom d'essoreuses, ils sont employés dans les blanchisseries pour extraire la plus grande partie de l'eau qui imprègne le linge.

37. Turbines.

Dans les raffineries de sucre, ces appareils portent le nom de turbines. Au sortir de l'appareil à triple effet où le jus sucré a été cuit et concentré, le sucre, mis à refroidir, se dispose en petits cristaux colorés en jaune ou en brun par la mélasse(¹). On place ce mélange dans des turbines tournant de 4.000 à 5.000 tours à la minute.

La mélasse liquide est violemment projetée contre le treillis métallique par la force centrifuge et passe à travers les mailles dans un espace réservé entre la turbine et une enveloppe en fonte. Les cristaux blancs de sucre restés dans la turbine sont ensuite recueillis.

38. Pompes centrifuges.

La force centrifuge est encore utilisée dans certaines pompes où le mouvement est non plus rectiligne comme

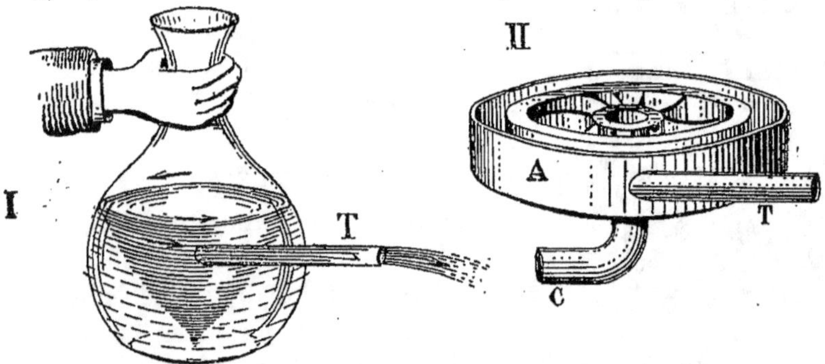

FIG. 18. — En I, la force centrifuge chasse l'eau de la carafe par le tube soudé tangentiellement. En II, représentation schématique d'une pompe centrifuge couchée pour montrer l'analogie de son fonctionnement avec celui de la carafe précédente.

dans les pompes ordinaires mais circulaire. Pour faire comprendre le principe de ces pompes nous nous appuierons sur une expérience simple. On sait que si l'on imprime de rapides mouvements circulaires à une carafe (*fig.* 18, I), l'eau

(¹) Voir *Cours de Chimie*, 3ᵐᵉ année.

qu'elle contient prend à son tour un mouvement giratoire dû à la force centrifuge développée. Le centre de la masse d'eau se creuse en entonnoir, tandis que l'eau s'élève le long des bords. Ce phénomène tient à ce que le vide tend à se faire au centre, tandis que la pression s'accroît à la périphérie. Si, tangentiellement à la paroi de la carafe, nous avons soudé un tube de verre communiquant avec l'intérieur, l'eau s'échappe avec force par ce tube.

Dans une pompe centrifuge (*fig.* 18, II, et 18 *bis*), le mouvement giratoire est fourni par la rotation de palettes courbes P, produite mécaniquement. Il en résulte un vide partiel au centre D en relation par le

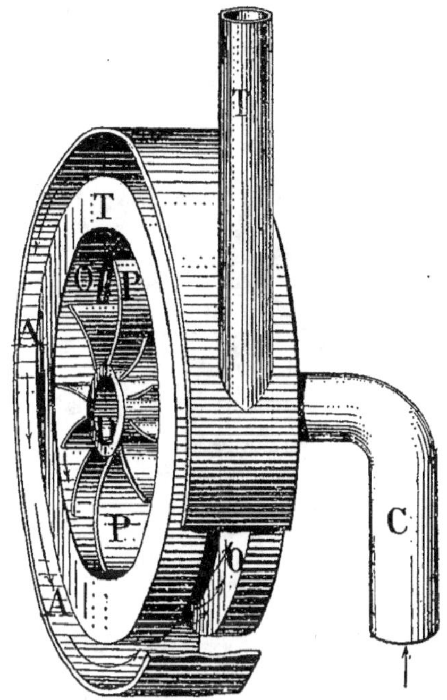

Fig. 18 *bis*. — Pompe centrifuge précédente dans sa position normale. Le liquide aspiré en C par la dépression due à la rotation des palettes est animé d'un mouvement giratoire et s'échappe tangentiellement en O. (Le mécanisme produisant la rotation n'a pas été représenté.)

tuyau C avec le réservoir de liquide. La pression atmosphérique fait donc monter l'eau jusqu'en D où elle est saisie par les palettes et projetée, en tournant, contre les parois d'un tambour fixe T présentant une ouverture annulaire O allant en s'élargissant vers l'extérieur. Par cette fente, l'eau pénètre dans un deuxième tambour concentrique **A** où, toujours animée de son mouvement giratoire, elle rencontre un tuyau **T** par où elle s'échappe tangentiellement.

A la condition de ne pas élever l'eau à plus de 8 mètres, ces pompes ont un rendement élevé qui varie entre 50 et 60 0/0.

39. Écrémeuses centrifuges.

Le même principe est appliqué dans les écrémeuses centrifuges (*fig.* 19) où le lait est animé d'un

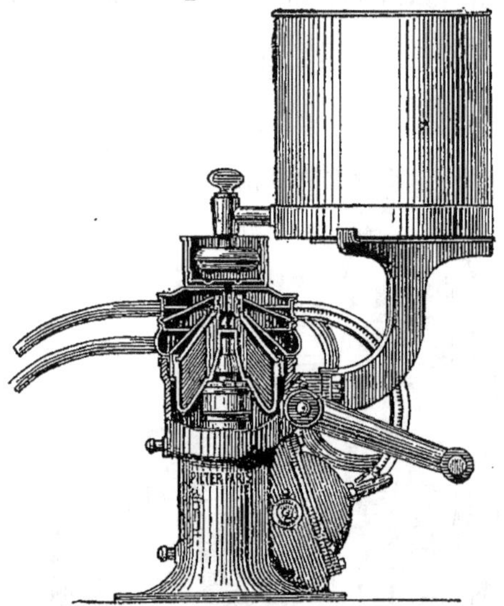

Fig. 19. — Ecrémeuse centrifuge (v. *Chimie*, 3ᵉ vol.).

mouvement de rotation très rapide. Les globules gras de crème, moins denses que le petit-lait, se rassemblent au centre et s'échappent par une ouverture spéciale, tandis que le petit-lait gagne la périphérie et sort par un autre conduit.

40. Autres applications.

La force centrifuge est encore utilisée dans les machines à vapeur pour régler la vitesse par le moyen de l'admission de la vapeur (*fig.* 20).

C'est elle qui a détaché de la vaste nébuleuse primitive que formait le soleil des anneaux dont la condensation a produit les planètes ; elle a ensuite causé l'aplatissement de la Terre aux pôles et son renflement à l'équateur (1). Son action

(1) Le rayon équatorial et le rayon polaire diffèrent environ de 21 km.

nulle au pôle est maximum à l'équateur et contribue à diminuer le poids des corps quand on va de la première région vers la seconde.

C'est la force centrifuge qui oblige les cyclistes ou les chevaux de cirque à se pencher vers l'intérieur dans les

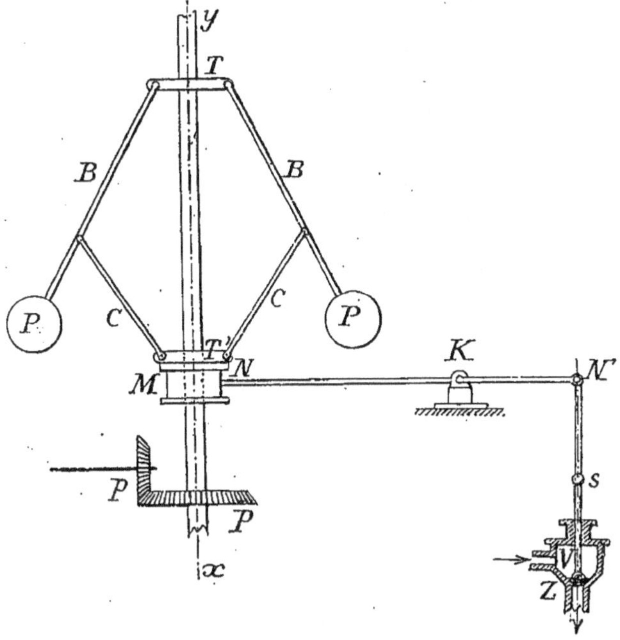

FIG. 20. — *Régulateur de Watt, pour régulariser la marche des machines à vapeur.* — Lorsque le mouvement de la machine s'accélère, les boules métalliques **P** s'éloignent l'une de l'autre, élèvent le collier **N** qui agit sur le levier **NN'** pour diminuer en **V** l'ouverture de l'arrivée de la vapeur.

tournants. C'est elle qui produit parfois la rupture du volant dans les usines et en projette les morceaux au loin.

Les dentistes achèvent les obturations en les polissant à l'aide de petites rondelles de papier de verre qu'ils montent sur leur tour et auxquelles ils impriment une rotation rapide.

La force centrifuge donne à ces rondelles de papier la rigidité d'une lame d'acier.

41. Expériences. — Faire tourner des poids marqués de différentes valeurs, et calculer à l'aide de la formule $f = \dfrac{m v^2}{R}$ la valeur de la force centrifuge.

Expliquer les projections de boue lancées par les roues d'une voiture.

Faire tourner une toupie et, à l'aide d'un tube effilé, faire tomber sur elle des gouttes d'eau.

Attacher une ficelle à l'anse d'une boîte à lait contenant de l'eau et, après quelques balancements, lui imprimer un mouvement de rotation; aucune goutte de liquide ne s'échappe du vase, pourquoi?

Calculer la valeur de la force centrifuge développée par une locomotive pesant 60 tonnes, marchant à l'allure de 40 kilomètres à l'heure dans une courbe de 600 mètres de rayon.

CHAPITRE VI

DE L'ÉNERGIE

PLAN

Énergie	Définition	C'est la capacité que possède un corps de pouvoir produire du travail.
	Énergie cinétique	Énergie acquise par les corps en mouvement.
	Énergie potentielle	Énergie possédée par certains corps au repos ; peut passer à l'état d'énergie cinétique à un moment donné.
	Diverses formes	Énergie calorifique, chimique, lumineuse, électrique, etc.
	Conservation et dispersion	L'énergie ne peut jamais être détruite (conservation de l'énergie). Elle tend toujours à passer sous la forme finale d'énergie calorifique (dispersion).
	Équivalent mécanique de la chaleur	1 calorie équivaut à 0,425 kilogrammètre ou encore 1 calorie équivaut à 4 joules 17 (système C. G. S.).
	Mesure d'une quantité d'énergie	On mesure le travail qu'elle peut fournir, soit directement, soit en la convertissant d'abord en énergie calorifique. L'énergie cinétique d'un corps en mouvement se calcule encore par la relation : $T = \frac{1}{2} mv^2$.

42. Notion d'énergie.

La notion d'énergie est une notion tout intuitive comme celle d'espace, de masse, de temps (§ 23). Quand nous déplaçons un objet, nous devons produire un *effort musculaire soutenu* pour vaincre la résistance opposée par sa masse, et nous acquérons ainsi la conception d'énergie. *L'idée d'énergie* se trouve donc intimement liée à celle du *travail*, c'est d'ailleurs ainsi qu'elle est rigoureusement comprise en physique. Nous savons, par exemple, qu'un corps en mouvement peut accomplir du travail. Si on laisse tomber d'une hauteur de 1 mètre une masse de fonte, du *poids* de 2 kilogrammes, sur un clou planté légèrement dans une planche, cette masse, en atteignant le clou, l'enfonce d'une certaine longueur dans la planche : on dit qu'elle possédait une certaine énergie. Les sources d'énergie sont innombrables : l'eau en tombant d'une certaine hauteur peut produire du travail, être employée par exemple à faire tourner une roue, à mettre en mouvement les machines d'une usine: minoterie, scierie, station d'électricité, etc. Une chute d'eau est donc une source d'énergie. Le vent qui presse sur les voiles d'un navire et le fait avancer possède de l'énergie. La chaleur, qui transforme l'eau en vapeur dont la force élastique actionne des moteurs, est de l'énergie ; tous les combustibles sont donc des sources d'énergie.

D'une manière générale, l'énergie **est la capacité que possède un corps de pouvoir produire du travail**; le son, la lumière et, nous le verrons par la suite, l'électricité, sont aussi des formes d'énergie.

43. Énergie cinétique. — Énergie potentielle.

L'énergie peut être considérée à deux points de vue différents :

1° L'énergie acquise par les corps en mouvement (pierre qui tombe, piston d'une machine à vapeur en marche, etc.), appelée énergie cinétique ou de *mouvement ;*

2° L'énergie possédée par certains corps au repos, énergie résidant pour ainsi dire en réserve, en puissance, appelée énergie potentielle, qui peut passer à l'état d'énergie cinétique à un moment donné.

Une pierre posée sur une planche élevée possède de l'énergie potentielle. Au moment où la planche bascule, cette énergie passe à l'état d'énergie cinétique qui apparaît sous forme de travail mécanique, comme l'écrasement d'une masse de plomb ou la rupture d'une planche, au moment où la pierre arrive au sol. Inversement, quand on soulève cette pierre depuis le sol jusqu'à son support, on effectue un certain travail égal à celui qu'elle a produit et on lui restitue l'énergie potentielle qu'elle a perdue.

Un morceau de charbon possède aussi de l'énergie potentielle. Brûlons ce charbon dans le foyer d'une machine à vapeur, la chaleur qu'il produit transforme l'eau en vapeur qui, en agissant sur le piston, effectue un certain travail : l'énergie latente possédée par le morceau de charbon est devenue apparente, autrement dit a passé à l'état d'énergie cinétique. Une charge de poudre, une cartouche de dynamite, un gaz comprimé renferment une grande quantité d'énergie potentielle.

44. Transformation de l'énergie.

Frottons rapidement une règle de bois, un porte-plume métallique contre une table, au bout de peu de temps nous constatons que la règle, le porte-plume se sont échauffés. La chaleur ainsi produite est de l'énergie, elle n'a d'autre origine que l'énergie musculaire dépensée à produire le frottement. On exprime ce fait en disant que l'énergie musculaire s'est transformée en énergie calorifique.

En étudiant les diverses sources calorifiques (Cours de 2ᵉ année, chap. XII), nous avons vu maints exemples de transformation d'énergie mécanique en énergie calorifique : le frottement d'un axe de machine sur ses tourillons, le martèlement d'une plaque de tôle, le frottement d'une lime contre une pièce de fer, le choc d'un boulet contre une plaque de blindage, la compression d'un gaz, etc., sont des phénomènes où du travail mécanique disparaît, tandis qu'une certaine quantité de chaleur apparaît.

Inversement l'énergie calorifique peut se transformer en énergie mécanique. Dans une machine à vapeur, la combustion du charbon fournit une certaine quantité de chaleur. Une partie se retrouve dans l'échauffement de l'eau du condenseur ou des pièces de la machine ; le reste a disparu, mais par contre on trouve de l'énergie mécanique. On en conclut qu'il n'y a pas eu destruction d'énergie, mais seulement transformation, et que la chaleur disparue a été convertie par la machine en énergie mécanique.

Nous avons vu aussi que lorsqu'un gaz se détend, il se refroidit (C. de 2ᵉ année, § 96) ; or, il accomplit un travail en repoussant l'air pour augmenter de volume ; l'énergie mécanique nécessaire pour produire ce travail correspond à la disparition d'une partie de la chaleur propre du gaz.

Frottons une allumette sur une table, la chaleur produite est suffisante pour enflammer la pâte phosphorée. L'*énergie chimique*, concentrée à l'état potentiel dans cette pâte, se disperse à l'état d'énergie cinétique sous forme d'*énergie vibratoire* (bruit de l'explosion), d'*énergie lumineuse* (flamme), d'*énergie calorifique* qui enflamme le soufre.

Lorsqu'on sonne une cloche, l'énergie musculaire dépensée est surtout employée à mettre le métal de la cloche en vibrations ; elle est, par suite, transformée en énergie vibratoire qui se transmet à l'air environnant (phénomène du son) ; une petite partie se retrouve sous forme de chaleur due au frottement des axes sur leur support.

45. Conservation et dispersion de l'énergie.

On démontre en physique que, lorsque de l'énergie potentielle passe à l'état d'énergies cinétiques diverses, la somme de ces énergies cinétiques est rigoureusement égale à l'énergie potentielle primitive ; en d'autres termes, l'énergie est **indestructible**, elle ne peut subir que **des transformations**. C'est là un principe fondamental désigné en physique sous le nom de **principe de la conservation de l'énergie**, Toutefois cela ne veut pas dire que l'énergie dispersée conserve la même valeur utilisable, Ainsi, lorsqu'on frotte une allumette, l'énergie potentielle concentrée dans la pâte phosphorée se trouve émiettée sous des formes diverses d'énergie qu'il est impossible de réunir ensuite pour récupérer l'énergie totale.

En particulier, l'énergie calorifique enflamme le soufre, mais elle échauffe aussi l'air environnant, se transmet aux meubles voisins, aux murs de la pièce, gagne l'atmosphère et de là se répand dans tout l'univers.

De même, de toute l'énergie chimique transformée par la combustion d'un morceau de houille en énergie calorifique, une faible partie, 8 à 20 0/0 environ, est utilisée dans une machine à vapeur sous forme de travail (3 0/0 à 8 0/0 seulement dans les locomotives). Le reste disparaît dans les frottements divers, ou bien échauffe la machine, ou l'eau du condenseur, puis finalement se disperse dans l'espace par conductibilité ou par rayonnement.

L'énergie, quelle que soit sa forme (électrique, lumineuse, chimique, etc.), tend toujours à devenir de la chaleur; celle-ci, d'autre part, se disperse fatalement dans tout l'univers en une poussière d'énergie calorifique qu'il est impossible de récupérer.

46. Équivalent mécanique de la chaleur.

Des expériences ont montré que chaque fois que de la chaleur est employée à produire du travail, ou inversement que du travail disparaît avec dégagement de chaleur, *une même quantité de chaleur correspond toujours à la même quantité de travail*. On donne, au rapport constant entre la quantité de travail et la quantité de chaleur correspondante, le nom d'**équivalent mécanique de la chaleur**. Sa valeur est de $0^{kgm},425$, ce qui signifie que *la même quantité d'énergie peut élever de 1° centigrade la température de 1 gramme d'eau*, ou bien *élever ce gramme d'eau à 425 mètres de hauteur*.

Comme 1 kilogrammètre vaut 9,81 joules (§ 33), l'équivalent mécanique de la chaleur est, en unités C. G. S. :

$$9^{joules},81 \times 0,425 = 4^{joules},17.$$

47. Mesure d'une quantité d'énergie.

On mesure une quantité d'énergie par la quantité de travail qu'elle peut fournir.

PREMIER EXEMPLE. — Soit à mesurer l'énergie potentielle d'une pierre, ayant une masse de 2 kilogrammes, posée sur le rebord d'une fenêtre, à 4 mètres de hauteur. Le travail que cette pierre peut accomplir en tombant sur le sol, et, par suite, l'énergie de cette pierre, est égal au produit de son poids par le chemin parcouru :

$$2^{kg} \text{ (poids)} \times 4^{m} = 8 \text{ kilogrammètres,}$$

ou en unités C. G. S. :

$$9^{joules},81 \times 8 = 78^{joules},48.$$

DEUXIÈME EXEMPLE. — Un corps en mouvement est susceptible de produire un certain travail, c'est ainsi qu'une pierre lancée contre une vitre la brisera, un obus projeté par un canon contre un obstacle (mur, paroi d'un vaisseau) produira des effets mécaniques plus ou moins puissants suivant sa masse et sa vitesse.

En s'appuyant sur les lois de la chute des corps et sur la définition du travail, on démontre aisément que si m^{gr} est la masse d'un corps en mouvement et v^{cm} sa vitesse, il possède une énergie cinétique dont la valeur est donnée par la relation :

$$T^{ergs} = \frac{1}{2} m^{gr} \times v^{cm2}.$$

Ainsi l'énergie d'une balle de fusil pesant 7 grammes et lancée avec une vitesse initiale de 700 mètres possède à la sortie de l'arme une énergie cinétique de :

$$T^{ergs} = \frac{7 \times (70000)^2}{2} = 17.150.000.000^{ergs} = 1715^{joules}$$

qui équivalent à

$$\frac{1715}{9,81} = 274^{\text{kgm}},$$

c'est-à-dire que cette balle de **7** grammes possède la même énergie qu'une masse de 274 kilogrammes suspendue à 1 mètre de hauteur. On comprend alors qu'elle ait un si grand pouvoir destructeur.

TROISIÈME EXEMPLE. — Soit maintenant à mesurer l'énergie potentielle d'une masse de 1 kilogramme d'essence de pétrole. En brûlant une quantité déterminée de cette essence dans un vase placé dans un calorimètre (Voir *Cours de 2e année*), on trouve que la combustion complète de 1 kilogramme d'essence produit **11 millions** de calories.

Or, une calorie équivaut à $0^{\text{kgm}},425$, donc le travail que pourrait fournir *intégralement* toute l'énergie potentielle représentée par 1 kilogramme d'essence de pétrole est mesuré par :

$$0^{\text{kgm}},425 \times 11.000.000 = 4.675.000 \text{ kilogrammètres},$$

ou bien, en unités C. G. S. :

$$4^{\text{joules}},17 \times 11.000.000 = 45.870.000 \text{ joules}.$$

Le plus généralement, lorsqu'on veut mesurer différentes quantités d'énergie de formes diverses, on utilise le moyen employé dans le dernier exemple, et l'on transforme toutes ces énergies en énergie calorifique qui sert à échauffer l'eau d'un calorimètre. Il suffit de multiplier l'équivalent mécanique de la chaleur par le nombre de calories obtenues pour avoir la valeur du travail correspondant à l'énergie *totale* considérée et, par suite, la mesure même de cette énergie.

LIVRE II

MAGNÉTISME

—

CHAPITRE VII

AIMANTS

—

PLAN

Définition et diverses sortes d'aimants		Les aimants attirent le fer, l'acier, etc.
		Distinction entre les aimants naturels et les aimants artificiels.

Propriétés

1° Ils s'orientent : Distinction du pôle nord (se trouve toujours dans une direction voisine du nord) et du pôle sud.

2° Ils attirent ou repoussent des pôles d'aimants mobiles : attirent les pôles de nom contraire et repoussent les pôles de même nom.

3° Ils aimantent par influence le fer, l'acier, etc. :

    a) Expérience avec un morceau de fer doux placé non loin d'un aimant.

    b) Champ magnétique d'un aimant : c'est l'ensemble des points de l'espace où cet aimant exerce une action.

    c) Expériences qu'explique l'aimantation par influence : Houppes de limaille, spectres magnétiques.

    d) Magnétisme temporaire (fer doux, magnétisme rémanent, acier).

Procédés d'aimantation : Frottement. Courant électrique.

Variations de la puissance d'un aimant :

1° Avec leur forme.

2° Avec le temps (moyens d'empêcher leur désaimantation : armatures de fer doux);

3° Avec la température, les chocs, la trempe, le recuit;

4° Avec le voisinage d'autres aimants ou de masses de fer.

48. Définition des aimants.

On rencontre dans certains minerais de fer des échantillons capables d'attirer de petits objets de fer ou d'acier, par exemple des clous, des plumes, des aiguilles; ces échantillons, abondants dans les minerais de Suède, de Norvège et de l'île d'Elbe, sont tous constitués par un oxyde de fer appelé oxyde magnétique, de formule Fe^3O^4; on les désigne sous le nom de *pierres d'aimants ou aimants naturels*. On les trouvait autrefois en abondance dans la Magnésie, province d'Asie Mineure ; aussi a-t-on donné le nom de *magnétisme* à l'ensemble de leurs propriétés.

Frottons une pierre d'aimant contre un morceau d'acier; sans rien perdre elle-même, la pierre communique à l'acier la propriété d'attirer le fer ; on obtient ainsi un *aimant artificiel*.

D'une manière générale, on appelle aimant tout corps capable d'attirer le fer et l'acier. Les aimants attirent aussi le nickel, le cobalt, le chrome et le manganèse.

Pôles des aimants.

Plongeons dans de la limaille de fer une pierre d'aimant et une tige d'acier aimantée, la limaille ne s'attache qu'en

Fig. 21. — Pôles d'un aimant.

certaines régions où elle se réunit en houppes et qu'on appelle *pôles de l'aimant* (*fig.* 21). Les pôles sont disposés de façon quelconque sur la pierre d'aimant, aux deux extrémités seulement sur le barreau d'acier. Un aimant naturel a donc plusieurs pôles répartis sans régularité ; un barreau aimanté a deux pôles toujours placés à ses extrémités.

Pour cette raison, on utilise dans la pratique les aimants artificiels de préférence aux autres. Outre la forme de *barreau* qui est celle d'un parallélipipède rectangle (*fig.* 21), on leur donne celle d'une lame mince en losange allongé (*aiguille aimantée*) (*fig.* 22) ou celle d'un *fer à cheval*, les deux pôles étant ainsi rapprochés (*fig.* 23) l'aimant est plus puissant.

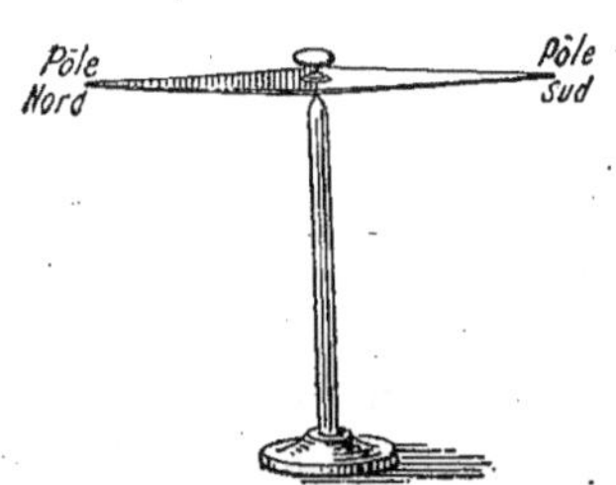

FIG. 22. — Aiguille aimantée mobile autour d'un pivot.

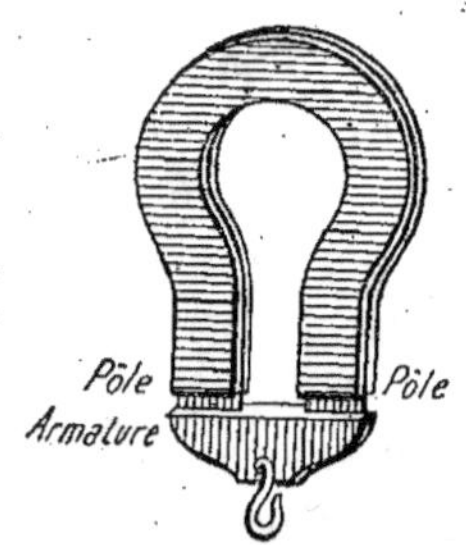

FIG. 23. — Aimant en fer à cheval.

Tous ces aimants sont en acier, tous ont *deux pôles* situés à leurs extrémités, et une région inactive ou *zone neutre*, intermédiaire (*fig.* 21). Les aiguilles aimantées sont munies en leur milieu d'une chape creuse en agate, permettant de les placer sur un axe vertical, autour duquel elles peuvent tourner; elles sont ainsi mobiles dans un plan horizontal.

Nous nous servirons des aimants artificiels pour étudier les propriétés des aimants.

PROPRIÉTÉS MAGNÉTIQUES DES AIMANTS

49. PREMIÈRE PROPRIÉTÉ : **Orientation. Direction des pôles.**

Posons une aiguille aimantée sur un pivot vertical ; elle se place, après quelques oscillations, dans une direction invariable, voisine de la direction nord-sud. Écartons-la de cette position : elle y revient ; retournons-la bout pour bout : elle tourne de 180°, ramenant ainsi la même extrémité dans la même direction.

Donc les deux pôles ne sont pas identiques : on appelle *pôle nord* celui qui se dirige vers le nord, *pôle sud* celui qui se dirige vers le sud. Pour distinguer les pôles, dans les aiguilles aimantées, on convient de laisser à la moitié nord la teinte bleue de l'acier recuit, et de l'enlever à l'autre moitié (*fig.* 22).

Dans les barreaux aimantés, on distingue les deux pôles au moyen des initiales **N** et **S.**

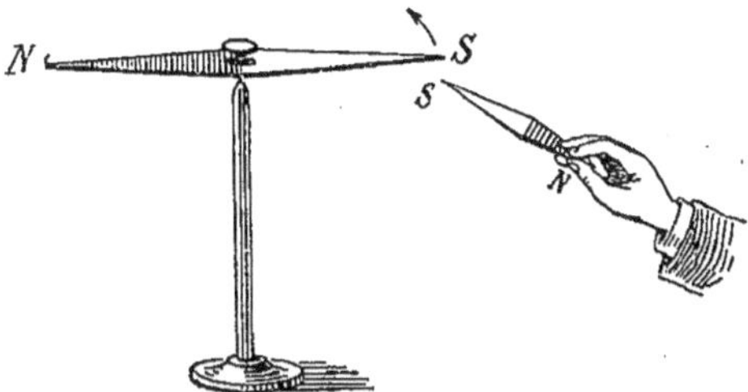

Fig. 24. — Actions réciproques des pôles de deux aimants.

50. Deuxième propriété : **Actions réciproques des pôles de deux aimants.**

Une aiguille aimantée étant orientée, approchons le pôle nord d'un autre aimant de son pôle nord, celui-ci est repoussé. Approchons-le du pôle sud, celui-ci est attiré (*fig.* 24).

Conclusion. — Les pôles de même nom se repoussent, les pôles de nom contraire s'attirent.

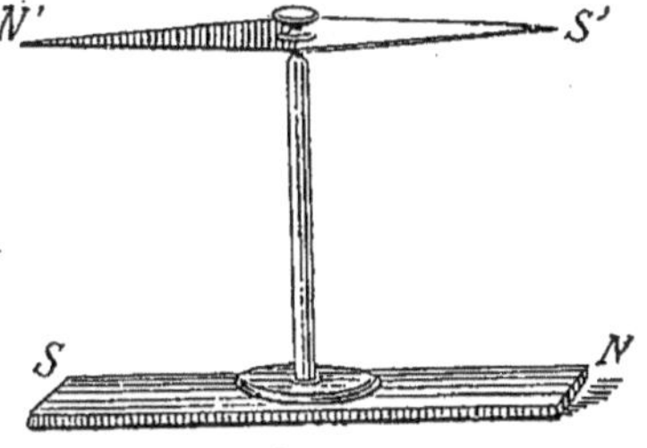

Fig. 25. — Action d'un barreau aimanté sur une aiguille aimantée mobile qui lui est parallèle.

On peut encore montrer l'action réciproque des aimants en plaçant l'aiguille aimantée mobile au-dessus d'un barreau aimanté (*fig.* 25). L'aiguille se dispose presque parallèlement au barreau, le pôle nord en face du pôle sud et inversement.

Le mouvement de l'aiguille aimantée sous l'action d'un pôle d'aimant implique l'idée qu'elle est soumise à l'action d'une ou de plusieurs forces, appelées **forces magnétiques**. Mais l'action est en réalité complexe, car non seulement le pôle du barreau fixe voisin de l'aiguille, mais encore le pôle plus éloigné agissent sur le pôle considéré de l'aiguille, et par suite on observe une résultante de forces.

51. Aimants brisés.

Essayons d'isoler les **pôles en coupant le barreau** aimanté en deux, nous constatons que deux pôles de nom contraire se forment de chaque côté de la ligne de rupture, si bien que chaque moitié du barreau est devenue un aimant complet avec ses deux pôles.

52. TROISIÈME PROPRIÉTÉ : Aimantation par influence.

Un aimant peut aimanter un morceau de fer ou d'acier, non seulement par frottement, mais aussi à distance ou,

FIG. 26. — Aimantation d'un morceau de fer par influence.

comme on dit, par *influence*. Approchons d'un aimant **NS** un morceau de fer (*fig.* 26): il devient capable d'attirer la limaille de fer; si on en approche une aiguille aimantée mobile, son pôle nord est repoussé par l'extrémité **N** du barreau et attiré par l'extrémité **S**. C'est donc qu'en **N** est un pôle nord et en **S** un pôle sud.

Ainsi le pôle nord du barreau aimanté a agi à distance sur le morceau de fer; il a amené la formation d'un pôle de nom contraire à son voisinage, d'un pôle de même nom à l'autre extrémité.

53. Champ magnétique.

L'action d'un aimant se fait donc sentir tout autour de lui, à une certaine distance, dans une région de l'espace qu'on appelle **le champ magnétique de l'aimant** (¹). Cette action peut être mise en évidence soit par l'aimantation d'un morceau de fer ou d'acier, soit par l'orientation d'une aiguille aimantée.

L'aimantation par influence explique les phénomènes suivants :

Première expérience. — On peut suspendre bout à bout, à un aimant, plusieurs morceaux de fer ou d'acier ; chacun d'eux s'aimante par influence et aimante le morceau suivant.

Seconde expérience. — Les houppes de limaille attachées aux pôles d'un aimant (*fig.* 26) sont formées de nombreuses lignes de grains de limaille placées bout à bout ; cela est dû à ce que chaque grain, aimanté par influence, est devenu capable d'attirer un autre grain.

Troisième expérience : Spectres magnétiques. — Plaçons un barreau aimanté sur une table, recouvrons-le d'une lame de verre ou d'une feuille de carton, et semons avec un tamis de la limaille de fer tout en donnant à la feuille de légères secousses. La limaille se dispose en courbes régulières, divergeant à partir des deux pôles, et la figure obtenue est appelée **spectre magnétique** (*fig.* 27).

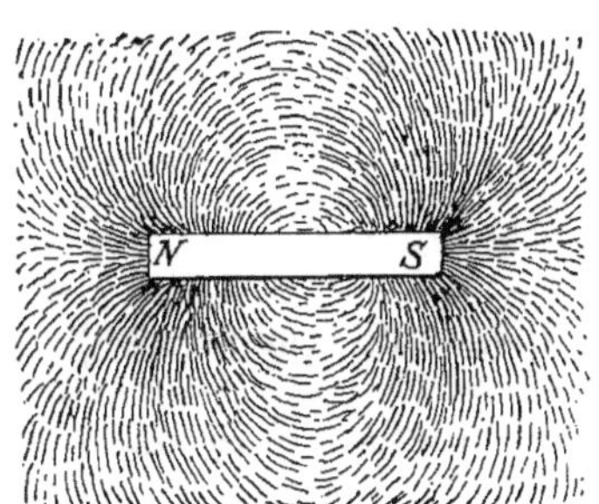

Fig. 27. — Spectre magnétique d'un barreau aimanté.

On explique sa formation de la manière suivante : tout le voisinage du barreau aimanté fait partie du champ magnétique de l'aimant ; chaque petit grain de limaille situé dans le champ est donc soumis à une force magnétique ; il

(¹) On appelle champ d'une force l'ensemble des points de l'espace où cette force agit. Ainsi tout point de l'espace dans lequel un corps est attiré par la Terre est dans le champ de la pesanteur : le Soleil, la Lune sont donc dans ce champ.

s'aimante et, comme il est très mobile, il prend la direction de la force au point où il se trouve, à la façon d'une
aiguille aimantée.

Une courbe du spectre n'est donc pas autre chose qu'une
ligne brisée formée de droites si petites (les grains de
limaille) que l'ensemble paraît une courbe et toutes ces
droites sont les directions des forces magnétiques aux divers
points du champ, d'où le nom de *lignes de force donné aux
courbes du spectre.*

En couchant l'ai-
mant sur une face
quelconque sous le
carton, on obtient
toujours un spectre
magnétique. Donc le
champ magnétique
d'un aimant n'est pas
réduit à un plan ; il est
situé tout autour de
l'aimant. On obtient
de même des spectres
magnétiques avec un aimant de forme quelconque (*fig.* 28).

Fig. 28. — Spectre d'un aimant en fer
à cheval.

54. Magnétisme temporaire et magnétisme rémanent.

Lorsqu'on soumet un corps à l'influence d'un aimant,
deux cas peuvent se présenter : ou l'aimantation est rapide
et intense, mais elle disparaît avec l'influence ; c'est ce qui
a lieu pour le fer pur ou fer doux : le magnétisme est *temporaire.* Ou l'aimantation est lente et peu intense, mais subsiste, au moins en partie, longtemps après l'influence ; c'est
ce qui a lieu pour l'acier : dans ce cas, le *magnétisme qui
subsiste est appelé rémanent.*

55. Procédés d'aimantation.

Pour obtenir un aimant, il est plus facile d'opérer par

frottement que par influence. Il suffit de frotter plusieurs fois un pôle d'aimant sur le corps à aimanter, *en allant toujours dans le même sens* (*fig.* 29). Si l'on a frotté avec le pôle nord, on obtient un pôle sud à l'extrémité **b** par laquelle on termine et un pôle nord à l'autre extrémité.

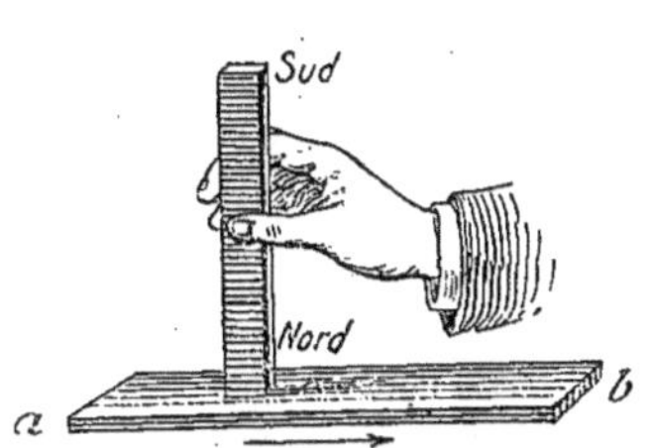

Fig. 29. — Aimantation par friction d'un barreau d'acier. On va de **a** en **b**, on revient en **a** sans passer sur l'aimant, puis on frotte de nouveau de **a** en **b**, etc.

Il existe d'autres procédés d'aimantation par frottement; nous les laisserons de côté, car on ne les emploie guère, tous les aimants étant obtenus maintenant au moyen de courants électriques (§ 135).

56. Variations de la puissance d'un aimant.

Les aimants sont tous en acier trempé, les autres métaux ne conservant pas leur aimantation. Leur puissance est variable avec leur forme; on fabrique des aimants très puissants en superposant des lames d'acier en forme de fer à cheval aimantées séparément (aimants Jamin). L'aimantation est plus forte que pour des aimants d'une seule pièce, l'aimantation existant surtout à la surface, seulement, dans les aimants Jamin, chaque lame tend à aimanter sa voisine en sens contraire et diminue peu à peu la puissance de l'aimant.

D'ailleurs, un aimant quelconque, abandonné à lui-même, se désaimante progressivement. On évite cet inconvénient pour les barreaux droits en les plaçant deux à deux dans une boîte, comme dans la figure 30, et en réunissant leurs pôles de nom contraire par deux barreaux de fer doux appelés *armatures*. Chaque armature s'aimante par influence, et tout se passe comme si l'ensemble formait un aimant fermé sur lui-même; on conçoit que, de cette façon, la force magnétique ne puisse s'affaiblir. Pour les aimants en fer à cheval, on réunit les deux pôles au moyen d'une armature de fer doux (*fig.* 23). Souvent l'armature porte un crochet auquel on peut suspendre des poids, car on a remarqué que plus le poids porté par l'aimant est lourd, moins il se désaimante.

D'autres circonstances peuvent faire varier l'aimantation de l'acier : la trempe l'augmente, tandis que le recuil la diminue ainsi que les chocs.

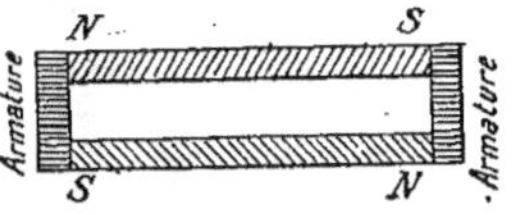

Fig. 30. — Conservation des barreaux aimantés.

L'élévation de température la diminue également, tandis que le refroidissement la ramène à sa valeur primitive ; toutefois, si l'on chauffe l'aimant au rouge, le magnétisme disparaît et ne reparaît plus par le refroidissement.

Enfin, le voisinage d'autres aimants ou même de simples masses de fer modifie l'aimantation des corps.

57. Expériences. — Montrer qu'un aimant naturel attire le fer.
Expériences diverses avec des aimants artificiels : attraction de la limaille de fer, orientation, actions réciproques, aimantation par influence, spectres magnétiques. On pourra réaliser des spectres magnétiques avec les trois sortes d'aimants placés dans diverses positions, avec deux barreaux aimantés placés presque bout à bout, les pôles de même nom en regard, puis les pôles de noms contraires en regard, etc.

Faire aimanter par frottement une aiguille à tricoter, une plume, etc., puis un morceau de fer doux. Montrer que, dans la dernière expérience, le magnétisme ne dure pas.

Aimanter une plume d'acier puis la porter au rouge. Après refroidissement, vérifier que l'aimantation a disparu. Observer l'action d'un aimant ou d'une masse de fer placés dans le voisinage d'une aiguille aimantée. Celle-ci pourra être figurée par une aiguille à coudre aimantée par friction et déposée à la surface de l'eau d'un verre après l'avoir légèrement graissée en la roulant entre les doigts.

CHAPITRE VIII

MAGNÉTISME TERRESTRE

PLAN

Champ magnétique terrestre

La Terre oriente une aiguille aimantée, donc elle crée autour d'elle un champ magnétique.

Etude des forces magnétiques terrestres

1° L'action de la Terre ne se réduit pas à une seule force

a) Il n'y a pas une force *verticale*, puisque le poids d'un corps aimanté est le même que si le corps n'est pas aimanté.

b) Il n'y a pas une force *horizontale :* expérience avec une aiguille placée sur un bouchon flottant sur l'eau.

c) Il n'y a pas de force *oblique*, car on pourrait la décomposer en une force verticale et une horizontale, et on rentrerait dans le cas précédent.

2° L'action de la Terre se ramène à celle de 2 forces

Ces deux forces sont parallèles, égales et de sens contraire; elles constituent le *couple magnétique terrestre*; leur effet est d'*orienter* l'aiguille.

Direction du couple magnétique terrestre

1° Expérience

La direction de ce couple est donnée par une aiguille aimantée mobile dans tous les sens; dans nos régions, l'aiguille se place sensiblement *dans la direction nord-sud, son pôle nord pointant vers le sol.*

2° Déclinaison

Définition

Angle que fait le méridien géographique avec le méridien magnétique, le méridien magnétique étant le plan vertical qui passe par les deux pôles d'une aiguille aimantée.

Mesure

On emploie comme appareil la *boussole de déclinaison* (aiguille aimantée mobile dans un plan horizontal).

Autres usages des boussoles de déclinaison : boussole d'arpenteur, boussole marine.

3° Variations de la déclinaison

1° Avec les moments de la journée, de l'année, etc.

2° Avec les lieux.

58. Champ magnétique terrestre.

Une aiguille aimantée mobile placée dans le champ d'un aimant s'oriente sous l'action de cet aimant (§ 50); la même aiguille aimantée placée loin de tout aimant prend aussi une direction fixe (§ 49), on peut en conclure que la Terre agit comme un vaste aimant, qui créerait autour de lui un champ magnétique.

Tout point de la surface de la Terre fait partie de ce champ magnétique, puisqu'une aiguille aimantée s'y oriente. L'intensité des forces de ce champ est d'ailleurs faible, comparée à celle du champ d'un fort barreau aimanté : en effet, un aimant mobile orienté sous l'action de la Terre dévie fortement au voisinage de ce barreau.

59. Étude des forces magnétiques terrestres.

L'action de la Terre ne se réduit pas à une seule force. — Nous allons montrer que le mouvement d'orientation d'une aiguille sous l'action de la Terre n'est pas dû à une force unique car, s'il y avait une seule force, elle ne pourrait qu'être verticale, horizontale ou oblique.

Or: 1º elle n'est **pas verticale**, car le poids d'un barreau d'acier ne varie pas par l'aimantation. Si une force verticale agissait sur lui, elle s'ajouterait à la pesanteur ou s'en retrancherait et modifierait le poids ;

2º Il n'y a pas de force **horizontale**, car un aimant placé sur un bouchon à la surface d'une eau tranquille fait tourner le bouchon sur lui-même pour prendre son orientation habituelle, mais ne lui imprime aucun déplacement horizontal ;

3º Il n'y a pas de force oblique, car toute force oblique pouvant se décomposer en une force verticale et une horizontale (§ 5), on en

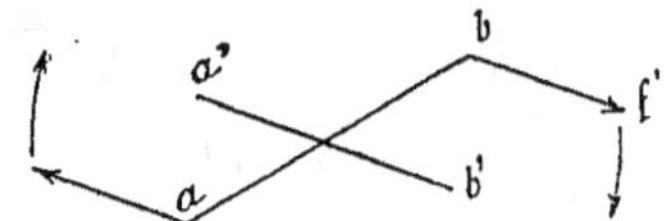

Fig. 31. — Orientation d'une aiguille *ab* sous l'action du couple terrestre ; *f, f'* sont les deux forces de ce couple.

verrait les effets dans les expériences précédentes.

Conclusion. — L'action de la Terre ne peut se réduire à une force unique. Or nous savons (§ 8) que lorsqu'un corps pivote sur place sans subir d'autre déplacement, c'est qu'il est soumis à *l'action de deux forces parallèles, égales et de sens contraire* (*fig.* 31), c'est-à-dire à un couple (§ 8). Ainsi l'aiguille aimantée subit-elle l'action d'un couple qu'on appelle couple terrestre.

60. Couple magnétique terrestre.

Pour avoir la direction du couple magnétique terrestre, il faudrait une aiguille aimantée mobile dans tous les sens, c'est-à-dire suspendue en son centre de gravité. La direction de l'aiguille donnerait la direction du couple. On n'arrive que grossièrement à ce mode de suspension en suspendant l'aiguille comme dans la figure 32. On observe ainsi que cette direction est variable avec les différents lieux de la Terre; elle varie aussi, dans un même endroit, d'une année à l'autre. En France, à l'époque actuelle, l'aiguille est à peu près dirigée du nord au sud, mais très inclinée sur l'horizon, l'extrémité nord pointant vers le sol.

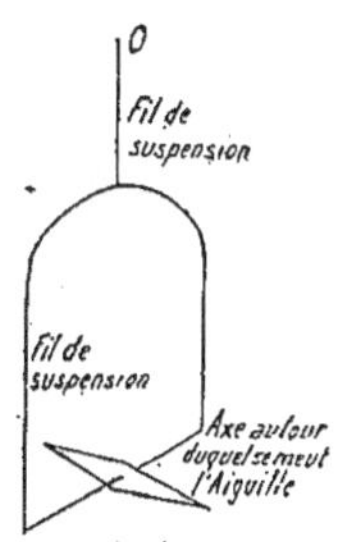

FIG. 32. — Suspension d'une aiguille aimantée mobile dans tous les sens.

61. Déclinaison.

Le plan passant par les deux pôles de l'aiguille aimantée et par la verticale d'un lieu A s'appelle le méridien magnétique de ce lieu. Comme l'aiguille n'a pas absolument la direction nord-sud, ce plan ne coïncide pas avec le méridien géographique ou plan passant par les deux pôles de la Terre et par la verticale du lieu. Ces deux plans se coupent suivant la verticale, et l'angle dièdre formé par leurs deux portions nord est la déclinaison (*fig.* 33).

On peut la mesurer par l'angle plan que forme le pôle nord de l'aiguille aimantée avec la direction nord-sud géographique (*fig.* 33). Elle est orientale ou occidentale suivant que le pôle nord de l'aiguille aimantée est à l'est ou à l'ouest du nord-sud géographique.

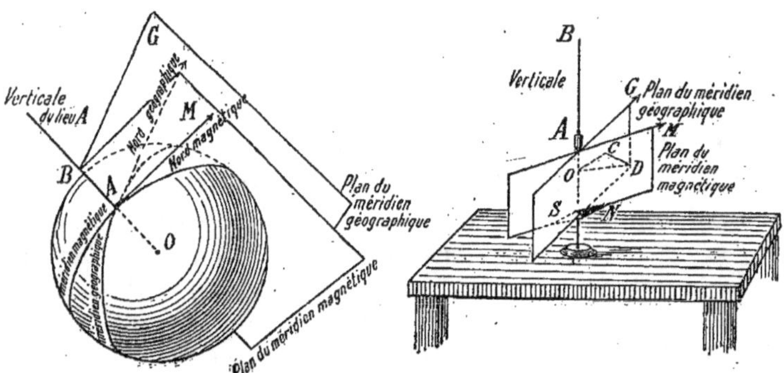

Fig. 33. — Déclinaison.

62. Boussoles de déclinaison.

Une aiguille aimantée mobile sur un pivot vertical (*fig.* 32) s'arrête toujours en équilibre dans le plan du méridien magnétique ; elle permet donc de mesurer la déclinaison aussi bien qu'une aiguille mobile autour de son centre de gravité ; l'extrémité sud est surchargée d'une petite masse de plomb qui empêche le pôle nord de s'incliner vers le sol, sous l'action du couple terrestre. Comme il s'agit de mesurer un angle, l'aiguille se meut sur un cercle gradué horizontal (*fig.* 34). Afin de connaître la direction nord-sud géographique, une lunette astronomique est jointe à l'appareil et permet,

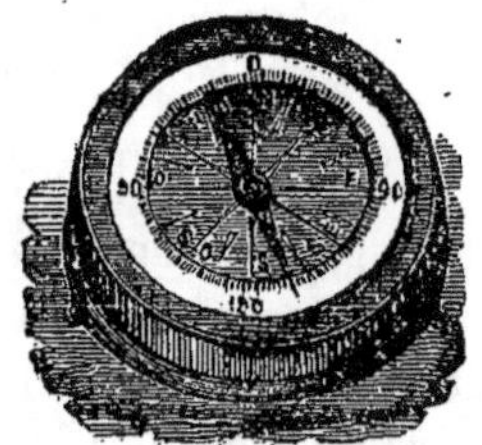

Fig. 34. — Boussole ordinaire.

par l'observation des astres, de déterminer cette direction.

Pour déterminer la déclinaison d'un lieu, il suffit de tourner la boussole de manière à amener la ligne **180** dans la direction nord-sud et de lire la division à laquelle s'arrête le pôle nord de l'aiguille aimantée.

63. Autres usages des boussoles de déclinaison.

Si la déclinaison est connue, on peut trouver le nord-sud géographique au moyen des boussoles de déclinaison. C'est à cet usage que servent les boussoles de poche et les boussoles d'arpenteur. Si la déclinaison est 15° et occidentale, par exemple, il suffit de prendre la direction du rayon faisant sur le cercle gradué un angle de 15° est avec la pointe nord de l'aiguille aimantée.

64. Boussole marine.

La boussole marine ou **compas** est employée par les navigateurs pour maintenir les navires dans la direction qu'ils doivent suivre. Son aiguille de déclinaison, mobile sur un pivot vertical, est fixée sous un léger disque de tôle ou de mica, qu'elle entraîne dans ses mouvements (*fig.* 34 *bis*); ce disque est gradué, de telle sorte que l'aiguille coïncide avec la ligne 0-180. La boîte dans laquelle se trouve l'aiguille est suspendue par un mode spécial (*suspension à la Cardan*), de façon à rester horizontale malgré les oscillations du navire (*fig.* 35). Elle est fixée au navire et une ligne dite ligne de foi est tracée sur la paroi de la boîte, suivant l'axe du navire. Supposons que le navire soit en A et qu'il doive aller en un autre point déterminé **B** (*fig.* 36); il s'agit de savoir de quel angle tournera l'avant du navire pour amener son axe dans la direction AB. Or des cartes géo-

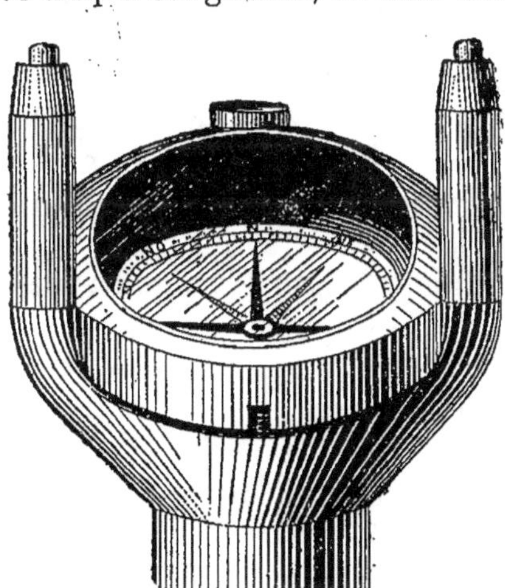

Fig. 34 *bis*. — Boussole marine.

graphiques renseignent sur l'angle que fait la droite **AB**

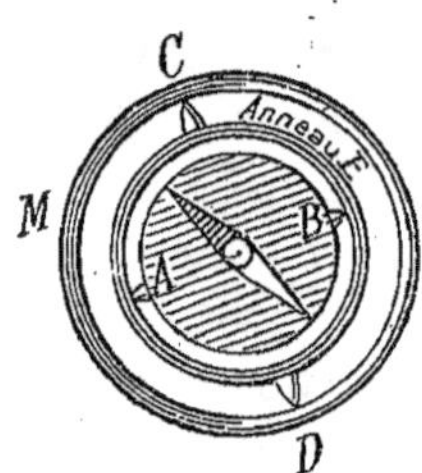

Fig. 35.— Suspension à la Cardan, vue de dessus : **A, B,** *pivots qui soutiennent la boîte dans un anneau* **E**.— **C, D,** *pivots qui soutiennent l'anneau* **E** *dans un anneau extérieur. La boîte peut ainsi tourner autour de l'axe* **AB** *et autour de l'axe* **CD,** *et le cadran est toujours horizontal.*

avec la direction nord-sud : soit 40° cet angle. Des cartes magnétiques donnent la déclinaison en **A,** c'est-à-dire l'angle de la direction nord-sud avec l'aiguille aimantée.

Supposons que la déclinaison soit 15° et occidentale. L'angle que doit faire l'aiguille aimantée avec la direction à suivre est donc 40° + 15° = 55° ; en tournant le navire et par suite la boussole jusqu'à amener la ligne de foi à faire avec l'aiguille aimantée un angle de 55°, on est donc sûr de donner au navire la direction **AB**.

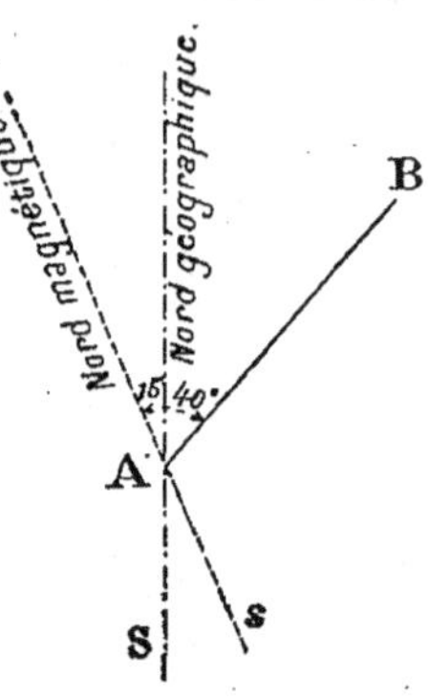

Fig. 36. — Manière dont un navire s'oriente avec la boussole.

Si la déclinaison était orientale, l'angle de l'aiguille avec la ligne de foi devrait être de 40° — 15° = 25°.

65. Variations de la déclinaison.

La déclinaison varie :

1° *En un même lieu,* d'un moment à un autre ;

2° Au même moment, *d'un lieu à un autre.*

1° EN UN MÊME LIEU. — La déclinaison subit des variations dont les unes sont lentes et régulières, les autres brusques et accidentelles.

a) *Variations lentes et régulières.* — La déclinaison varie légèrement dans une même journée : dans nos régions, où elle est occidentale, elle est à peu près constante la nuit, mais elle augmente de sept heures du matin à deux heures du soir environ, puis diminue de deux heures à dix heures du soir. L'écart entre les deux extrêmes dépasse d'ailleurs rarement 10 à 12°.

Plus importantes sont les variations séculaires : la déclinaison à Paris était, en 1580, de 11° 30′ et orientale, elle a diminué jusqu'en 1666, époque où elle a été nulle, puis elle est devenue occidentale, a augmenté jusqu'en 1824 (22° 34′), et depuis ce temps elle décroît de façon continue, tout en restant occidentale ; actuellement elle est un peu supérieure à 14° (14° 28′ en 1906).

b) Variations accidentelles. — Les variations accidentelles, dont les causes sont inconnues, se produisent brusquement, ne durent que quelques heures, et sont parfois très intenses ; on remarque qu'elles coïncident souvent avec des tremblements de terre, avec l'apparition d'aurores boréales, d'orages magnétiques, etc.

2° D'UN LIEU A UN AUTRE. — La déclinaison varie, et peut même être nulle en certains endroits. En France, la déclinaison est d'environ 11° à Nice et 17° à Brest. Des cartes magnétiques dressées chaque année renseignent sur la valeur de la déclinaison en divers points du globe.

66. Expériences. — Faire l'expérience de l'aiguille aimantée flottant sur un bouchon ; si l'on opère sur l'eau d'un cristallisoir, il faut veiller à ce que le bouchon soit bien au milieu, sinon il est attiré sur les bords du vase (attraction capillaire), et l'aiguille aimantée semble lui imprimer un mouvement de translation.

Pour rendre plus claire l'explication de la déclinaison, on peut se servir d'une pomme ou d'une orange représentant la Terre : une aiguille à tricoter, allant du point considéré de la surface au centre, matérialise la verticale ou ligne commune entre les deux méridiens ; les *méridiennes* magnétique et géographique peuvent être représentées sur la surface de la pomme ; ainsi l'angle que font entre eux les deux plans est facile à se représenter.

Apprendre à s'orienter à l'aide d'une boussole, la déclinaison étant connue.

LIVRE III

ÉLECTRICITÉ

CHAPITRE IX

PREMIÈRES NOTIONS SUR LA PILE
COURANT ÉLECTRIQUE
MESURES DES DIVERSES GRANDEURS ÉLECTRIQUES

QUANTITÉ D'ÉLECTRICITÉ — INTENSITÉ

PLAN

Courant électrique { Mouvement d'électricité qui s'établit le long d'un conducteur reliant deux corps à des potentiels différents.
Il exerce à distance une action déviatrice sur une aiguille aimantée.

Mesure des diverses grandeurs électriques { **I. Quantité d'électricité** {

Idée de la quantité d'électricité { Par analogie avec un courant d'eau, on admet qu'un courant électrique transporte une quantité d'électricité.

Sa mesure : { La mesure d'une quantité d'électricité est fondée sur la décomposition d'une dissolution d'un sel métallique par un courant électrique :

Définition (a) : On dit qu'une quantité d'électricité A est égale à une autre B quand, passant à travers la dissolution d'un sel métallique, elles déposent toutes deux la même quantité de métal.

Définition (b) : On dit qu'une quantité d'électricité A est 2, 3, 4, ... fois plus grande qu'une autre B quand, passant dans la dissolution d'un sel métallique, elle dépose 2, 3, 4, ... fois plus de métal.

Unité de mesure : Coulomb { Le *coulomb* est la quantité d'électricité qui, passant à travers une dissolution d'azotate d'argent, dépose $1^{mg},118$ d'argent.

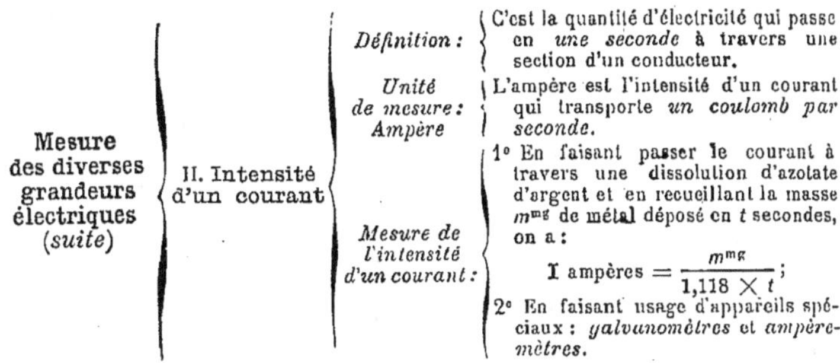

$$\text{I amp\`eres} = \frac{m^{mg}}{1{,}118 \times t};$$

67. Premières notions sur la pile électrique. Courant électrique.

Dans un vase contenant de l'eau acidulée au $\frac{1}{20}$ par de

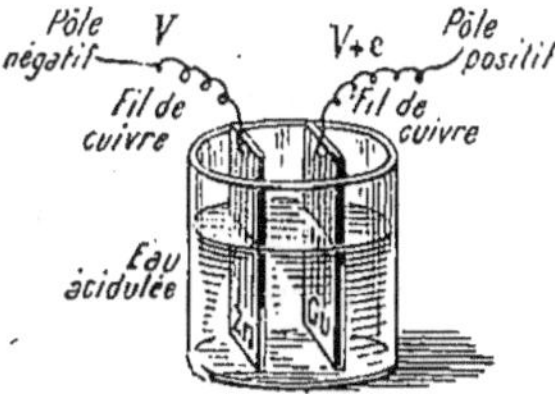

Fig 37. — Élément de pile.

l'acide sulfurique (*fig.* 37), plongeons une lame de zinc Zn et une lame de cuivre Cu, en évitant de les mettre en contact. A chacune de ces lames, fixons un fil de cuivre. Nous avons ainsi construit un appareil appelé pile : les deux lames en sont les électrodes, les fils qui y sont soudés sont les pôles de la pile.

L'acide sulfurique agit sur le zinc, forme du sulfate de zinc en même temps que des bulles de gaz hydrogène se dégagent sur la lame de zinc.

68. Expérience d'Œrstedt. — Courant électrique.

Réunissons les pôles de notre pile par un fil de cuivre, puis approchons ce fil d'une aiguille aimantée parallèlement à cette aiguille (expérience d'Œrstedt) (*fig.* 38). Aussitôt nous voyons celle-ci dévier de sa position d'équilibre et tendre à se mettre en croix avec le fil. Si nous séparons les pôles de la pile, l'aiguille revient à sa position première, et

elle se remet en croix avec le fil si nous réunissons à nouveau les pôles.

Sans changer la direction du fil, intervertissons ses contacts avec les pôles de la pile, aussitôt l'aiguille aimantée
pivote et tourne dans un
sens opposé.

La déviation de l'ai-
guille est évidemment
causée par une certaine
action exercée à distance
par le fil. On explique
cette action en suppo-
sant que le fil est le siège
d'un phénomène parti-
culier *dirigé*, on lui donne le nom de mouvement d'électricité ou de courant électrique.

La déviation de l'aiguille est donc *révélatrice* de ce courant;
sa persistance, tant que les pôles
de la pile sont réunis, prouve la
permanence du mouvement d'électricité.

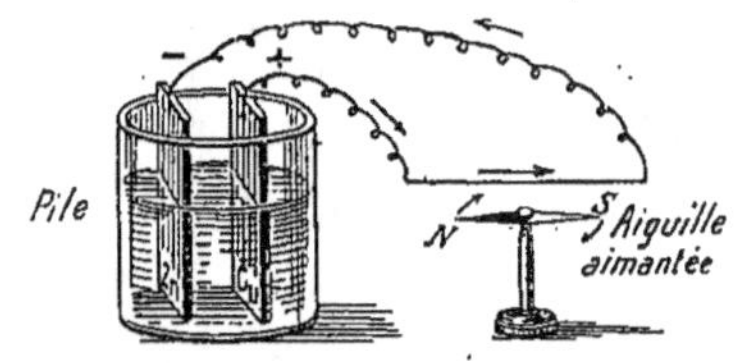

Fig. 38. — En approchant d'une aiguille
aimantée un fil de cuivre qui réunit
les pôles d'une pile, on voit cette aiguille dévier de sa position d'équilibre.

Remplaçons la lame de cuivre
par une autre lame de zinc, les
deux lames sont attaquées, et cependant en approchant leur fil de
jonction de l'aiguille aimantée,
nous n'observons aucune déviation.
La production du courant électrique semble donc avoir pour

Fig. 39. — Représentation
conventionnelle d'une
pile : le trait allongé et
mince figure la lame de
cuivre, le trait épais et
court la lame de zinc.
Le fil *f* représente le pôle
positif, le fil *f'* le pôle
négatif.

origine la *différence d'action* exercée par le *liquide* sur les
deux métaux *différents*.

69. Représentation conventionnelle d'une pile.

Dans les dessins on représente les piles, comme l'indique
la figure 39, par deux traits parallèles, d'épaisseurs diffé-

rentes : le trait fin correspond au pôle positif (+), le trait épais correspond au métal le plus attaqué, ou pôle négatif (—).

70. Différence de potentiel. — Quantité d'électricité.

Lorsque nous relions deux vases contenant de l'eau et placés à des niveaux différents, le courant qui s'établit de l'un à l'autre a pour effet *visible* de transporter une certaine *quantité de liquide* du vase le plus élevé au vase le plus bas.

Par analogie, on admet que le courant électrique, qui s'établit entre les deux conducteurs [1], est dû à une différence d'état électrique analogue à une différence de niveau appelé **potentiel électrique** [2] et, en outre, que le potentiel de la lame de cuivre (électrode positive) est plus élevé que celui de la lame de zinc (électrode négative). Le courant aurait donc également pour effet de transporter une *certaine quantité d'électricité* du corps au potentiel le plus élevé au corps dont le potentiel est le plus bas. La persistance de ce courant fait admettre que la pile maintient toujours entre ses pôles la même différence de potentiel; c'est ce qui caractérise cet appareil, nous en verrons plus loin la raison (§ 89). La force avec laquelle s'écoule l'électricité est d'autant plus grande que la chute de potentiel est plus considérable; on lui donne le nom de **force électromotrice**.

Remarque. — Il est bon de noter que toutes les explications ou conventions précédentes ne sont que des moyens

[1] On désigne sous le nom de *corps bons conducteurs* ou simplement conducteurs des corps à travers lesquels l'électricité circule aisément, comme les métaux, le corps humain, la terre. D'autres corps, verre, résine, paraffine, ébonite, gomme-laque, gutta-percha, soie, gaz, conduisent mal l'électricité; on les appelle *corps mauvais conducteurs*. Pour conserver l'électricité sur un corps bon conducteur. on entoure celui-ci d'un corps mauvais conducteur : on dit alors qu'on l'*isole*.

[2] On compare aussi le potentiel électrique à l'état calorifique appelé température. Lorsqu'on réunit deux corps qui sont à des températures différentes, il s'établit entre eux un courant calorifique allant du corps dont la température est la plus élevée vers celui dont la température est moindre.

très commodes de nous représenter les choses tirés d'ingé-
nieuses comparaisons et dans lesquelles on ne doit pas chercher d'analogies rigoureuses. En réalité, on ne sait encore
rien de précis sur la nature même des phénomènes électriques. Il est très utile toutefois, pour la commodité des
explications, de se représenter l'électricité comme une
sorte de fluide s'écoulant le long d'un conducteur à la manière d'un liquide dans un tube et de parler du courant
électrique comme d'un courant d'eau. Mais il ne faut voir là
qu'une image destinée à soutenir le langage. Croire à une
représentation rigoureuse serait se tromper grossièrement
sur la nature des phénomènes électriques dont les théories
modernes n'ont pas encore donné d'explication satisfaisante.

DE LA MESURE DES GRANDEURS ÉLECTRIQUES

71. Nous allons montrer que les grandeurs électriques :
quantité d'électricité, différence de potentiel, sont des grandeurs mesurables et indiquer comment on procède pratiquement pour les mesurer. Nous considérerons un courant
électrique indépendamment de la source qui le produit [1],
nous réservant d'aborder l'étude des différents modes de
production d'un courant lorsque nous connaîtrons les
phénomènes permettant de les expliquer.

72. Mesure d'une quantité d'électricité.

Soient 2 vases A et B situés à des niveaux différents
(*fig.* 39 *bis*).

Pour évaluer la quantité d'eau qui passe du premier
dans le deuxième, nous pouvons intercaler sur le tube de

---

[1] **Les** expériences seront faites avec des courants fournis par des
piles Bunsen ou des piles au bichromate dont nous ferons une étude
spéciale plus loin (§ 117, chapitre XIII) ou encore avec des courants
fournis par une usine d'électricité si l'école possède l'éclairage électrique.

communication une minuscule roue que le courant d'eau fera tourner.

Établissons par une expérience la quantité d'eau qui passe à chaque tour de roue, soit $0^l,1$; si, par un moyen quelconque, nous déterminons le nombre de tours effectués

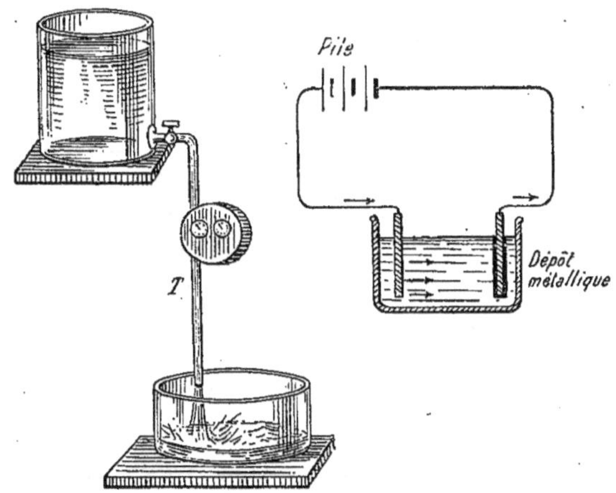

Fig. 39 — (I) De même qu'on peut utiliser un effet du courant d'eau pour mesurer la quantité de liquide qui passe dans le tube T, on utilise (II) la décomposition d'une dissolution d'un sel métallique par le courant électrique pour mesurer la quantité d'électricité qui s'écoule dans le conducteur.

par la roue en un temps t, nous connaîtrons la quantité d'eau qui a passé à travers le tube pendant ce temps. C'est le principe des compteurs à eau.

Pour mesurer la quantité d'électricité qui s'écoule à travers un conducteur, on utilise, d'une manière analogue, un effet du courant électrique que nous étudierons bientôt (§ 107), à savoir la décomposition de l'eau acidulée [1], ou mieux d'une dissolution aqueuse d'un sel métallique tel que le sulfate de cuivre ou l'azotate d'argent (*fig.* 39 *bis*).

[1] Voir aussi *Cours de Chimie*, 1re année (§ 18).

Lorsqu'un courant électrique traverse la dissolution d'un sel métallique, il décompose ce sel, et l'expérience a montré que la *quantité de métal déposé est rigoureusement proportionnelle à la quantité d'électricité qui a passé dans la dissolution.*

D'où les définitions suivantes :

a) Définition de deux quantités d'électricité égales. — *On dit qu'une quantité d'électricité* A *est* égale *à une autre* B quand, passant à travers la dissolution d'un même sel métallique, elles déposent toutes deux la **même quantité de métal.**

b) Définition d'une quantité d'électricité 2, 3, 4, ... fois plus grande qu'une autre. — On dit qu'une quantité d'électricité A est 2, 3, 4, ... fois plus grande qu'une autre B quand, passant dans la dissolution d'un même sel métallique, elle dépose 2, 3, 4, ... fois plus de métal.

73. Unité de quantité d'électricité : coulomb.

Pour des raisons que nous ne donnerons pas, on a choisi comme *unité pratique de quantité d'électricité la quantité qui, passant dans une dissolution d'azotate d'argent à 10 0/0, dépose* 1^{mgr},118 *d'argent* [1]. On la désigne sous le nom de coulomb [2].

APPLICATION. — *Un courant électrique passant dans une dissolution d'azotate d'argent a déposé* 335^{mgr},4 *de métal; quelle quantité d'électricité a traversé la dissolution?*

1^{mgr},118 d'argent correspond à 1 coulomb.

335^{mgr},4 d'argent correspondent à :

$$\frac{335,4}{1,118} = 300 \text{ coulombs.}$$

[1] Nous verrons plus tard (§ 109) que la même quantité d'électricité (passant dans une dissolution de sulfate de cuivre dépose 0^{mgr},328 de cuivre.

[2] En mémoire du physicien Coulomb, officier du génie français 1736-1806).

74. REMARQUE. — On voit facilement comment la mesure d'une quantité d'électricité se rattache au système C. G. S. (§ 23), puisqu'il suffit, pour la déterminer, d'évaluer la masse en *grammes* de l'argent déposé par le courant.

75. Intensité d'un courant.

Revenons à notre comparaison hydraulique précédente ; il ne suffit pas de connaître la quantité d'eau qui passe dans le tube reliant les vases **A** et **B** pour être renseigné sur la valeur du courant liquide, car une certaine quantité d'eau peut passer en un temps plus ou moins long suivant la *vitesse* de l'écoulement. Ce qu'il importe de connaître, c'est la valeur du débit, c'est-à-dire la *quantité d'eau qui passe en* **une seconde** à travers une section du conducteur : on l'appelle **intensité** du courant.

De même, une quantité d'électricité de 1 coulomb peut traverser la dissolution d'azotate d'argent en un temps plus ou moins long, et l'on *appelle intensité d'un courant électrique la quantité d'électricité qui passe en* **une seconde** *à travers une section d'un conducteur.*

76. Ampère.

On a choisi comme *unité d'intensité l'intensité d'un courant qui transporte* 1 *coulomb par seconde;* on lui a donné le nom d'ampère [1].

Un courant d'un ampère passant dans une dissolution d'azotate d'argent dépose donc $1^{mgr},118$ d'argent par seconde [2].

---

[1] Du nom du physicien français Ampère (1775-1836).

[2] De même, en traversant une dissolution de sulfate de cuivre, elle dépose $0^{mgr},328$ de cuivre *par seconde.*

77. Problème.

Quelle est l'intensité d'un courant qui, en traversant une dissolution d'azotate d'argent, a déposé $0^{gr},3354$ d'argent en 10 minutes ?

SOLUTION. — En 1 seconde, 1 ampère dépose :

$$1^{mgr},118 \text{ d'argent,}$$

en $(60^s \times 10) = 600$ secondes, 1 ampère dépose :

$$1^{mgr},118 \times 600,$$

$335^{mgr},4$ d'argent seront déposés par un courant de :

$$\frac{335,4}{1,118 \times 600} = 5 \text{ ampères.}$$

78. Mesure de l'intensité d'un courant.

Les explications précédentes nous fournissent un moyen précis de mesurer l'intensité d'un courant :

1° On fait passer ce courant pendant un temps donné, *t secondes*, à travers une dissolution d'azotate d'argent à 10 0/0 ;

2° On recueille avec soin et on pèse la quantité **m**, évaluée en *milligrammes*, du métal déposé ;

3° L'intensité du courant, mesurée en *ampères*, est donnée par le quotient :

$$\frac{m}{1,118 \times t} \text{ ampères.}$$

79. Premières notions sur le galvanomètre et l'ampèremètre.

Il existe des appareils d'un maniement commode, permettant de mesurer aisément l'intensité d'un courant ; on les appelle galvanomètres et ampèremètres.

Ils sont fondés sur la propriété, déjà indiquée plus haut (§ 68), que possède un courant de dévier une aiguille aimantée de sa position d'équilibre. On les intercale sur le trajet d'un courant (*fig.* 40), en série comme on dit. La

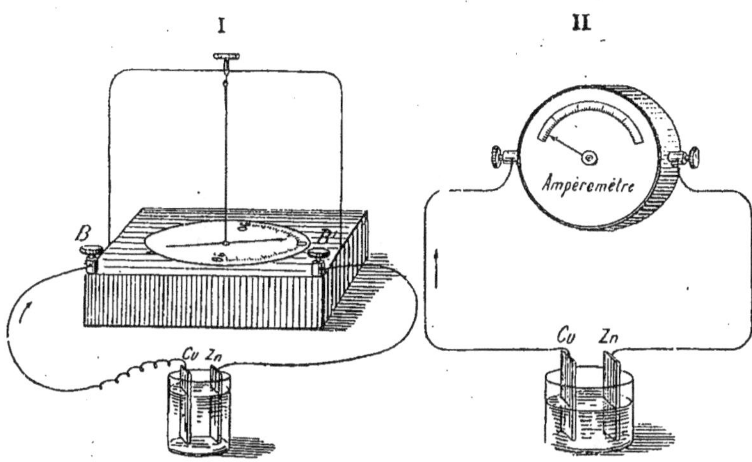

Fig. 40. — I. Aspect extérieur schématisé du galvanomètre Nobili. L'instrument est orienté de manière que l'aiguille du cercle gradué soit en face le zéro du cadran. On met les pôles de la pile en relation avec les boutons **B** et **B'**. Les déviations que prend l'aiguille sous l'action de divers courants permettent de comparer ceux-ci ; — II. Aspect extérieur d'un ampèremètre. On l'intercale sur le circuit comme le galvanomètre. Le déplacement de l'aiguille fait connaître, par une simple lecture, l'intensité du courant.

déviation que prend l'aiguille est d'autant plus grande que l'intensité du courant est plus considérable ; elle ne change pas de valeur tant que le courant reste constant.

L'aiguille se déplace sur un cadran qui est divisé en parties égales (galvanomètre) (*fig.* 40, I), ou gradué en ampères (ampèremètre) (*fig.* 40, II).

CHAPITRE X

MESURE DES DIVERSES GRANDEURS ÉLECTRIQUES

(SUITE)

RÉSISTANCE, DIFFÉRENCE DE POTENTIEL

PLAN

Mesure des diverses grandeurs électriques

I. Résistance d'un conducteur

Idée de la résistance : — Semblables aux conduites d'eau qui opposent une résistance au liquide, les conducteurs opposent une résistance au courant électrique.

Lois : — *La résistance d'un conducteur est :*
1° *Proportionnelle à sa longueur ;*
2° *Inversement proportionnelle à sa section ;*
3° *Proportionnelle à un coefficient particulier qui dépend de la nature du conducteur (résistance spécifique).*

Unité de mesure : Ohm — L'*ohm* est représenté par la résistance d'une colonne de mercure à 0° C. de 106^{cm},3 de longueur et de 1 millimètre carré de section.

Mesure de la résistance d'un conducteur : — On utilise souvent à cet effet un appareil appelé *boîte de résistances.*

II. Différence de potentiel

Lois : — Lorsqu'un conducteur est parcouru par un courant :
1° *Le potentiel va en diminuant d'une manière continue dans le sens du courant ;*
2° *La différence du potentiel entre deux de ses points est proportionnelle à leur distance ;*
3° *Pour une intensité donnée, cette différence augmente avec la résistance du segment considéré.*

Unité de différence de potentiel : Volt — C'est la différence de potentiel qui s'établit entre les extrémités d'un fil conducteur dont la résistance est égale à *un ohm*, quand ce fil est parcouru par un courant dont l'intensité est de *un ampère.*

Mesure des diverses grandeurs électriques *(Suite)*

II. Différence de potentiel *(Suite)*

Mesure d'une différence de potentiel :

1° A l'aide du voltmètre; on le met en dérivation ;

2° En mesurant l'*intensité* du courant et la *résistance* du conducteur, par application des lois suivantes :

Lois d'Ohm :

1re loi : *Quand un conducteur homogène est traversé par un courant, la différence de potentiel E volts entre deux points A et B de ce conducteur est proportionnelle à l'intensité I ampères du courant et aussi à la résistance R ohms de la partie AB.*

$$E = RI. \qquad (1)$$

2e loi : *La force électromotrice E volts d'une machine électrique en circuit fermé est proportionnelle à l'intensité I ampères du courant qu'elle fait passer dans le conducteur, et aussi à la résistance totale du circuit (R + r) ohms.*

$$E = (R + r)\, I. \qquad (2)$$

80. Résistance des conducteurs. — Sa mesure.

Reprenons notre exemple des 2 vases A et B situés à des niveaux différents. Relions ces vases par deux tubes MN et PQ tels que PQ soit deux fois plus long que MN (*fig.* 41). Lorsque l'eau circule à travers ces tubes, elle éprouve une certaine résistance due aux frottements contre les parois, aussi conçoit-on aisément que la résistance offerte par le tube PQ soit plus grande que celle du tube MN.

Il en sera de même pour un tube RS plus étroit que le tube MN, bien qu'il ait même longueur. En général, la résistance offerte à l'écoulement du liquide par le tube de communication est d'autant plus grande que ce tube est plus long et plus étroit.

D'une manière analogue, les corps conducteurs opposent une résistance au courant électrique.

Première expérience. — Sur le circuit d'un fil de cuivre

parcouru par un courant, introduisons un galvanomètre et notons la déviation de l'aiguille, soit 40°. Sur le trajet du fil, intercalons un fil de fer très fin de $\frac{2}{10}$ de millimètre

de diamètre par exemple, dont nous augmentons peu à peu la longueur. A mesure que nous introduisons une plus grande longueur de fil, nous voyons la déviation de l'aiguille *décroître*. L'intensité du courant diminue, parce que la résistance opposée par le fil au passage du courant *augmente avec la longueur du conducteur.*

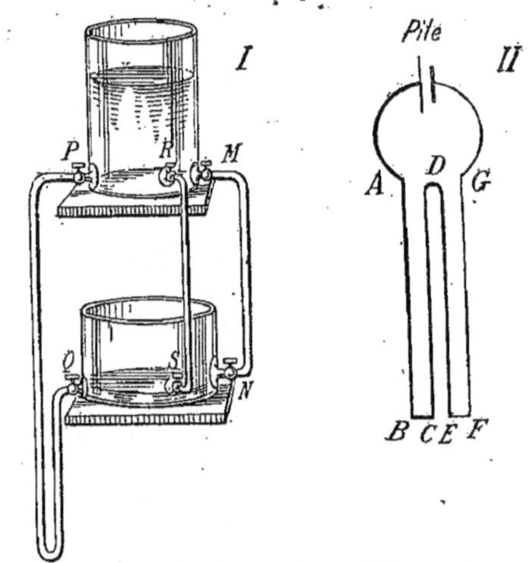

FIG. 41. — I. Les tubes **PQ** et **RS** opposent au liquide une résistance plus grande que le tube **MN**; — II. Dans le conducteur **ADG**, les portions **CDE** et **FG** opposent au courant électrique une résistance plus grande que le tronçon **AB**.

DEUXIÈME EXPÉRIENCE. — Sur le trajet du fil précédent, intercalons 50 centimètres du fil de fer fin t de $\frac{2}{10}$ de millimètre de diamètre et observons la déviation d° du galvanomètre. Remplaçons ce fil de fer par un autre fil de fer fin f_1 de $\frac{4}{10}$ de millimètre de diamètre et par conséquent de section quadruple.

Pour une longueur de f_1 égale à celle de f, la déviation d'° est plus grande que la précédente : nous en concluons que : la *résistance du fil diminue quand sa section augmente.* Cherchons ensuite par tâtonnement quelle longueur de ce fil il nous faut introduire dans le circuit pour que l'aiguille du galvanomètre reprenne la déviation d^o : nous trouvons 200 centimètres, soit 50×4 ou 4 fois la longueur de f.

Remplaçons successivement le fil f_1 par des fils f_2, f_3 ayant respectivement $\frac{6}{10}$ et $\frac{8}{10}$ de millimètre de diamètre, c'est-à-dire une section 9 et 16 fois plus grande que celle de f; nous trouvons par tâtonnement que l'aiguille du galvanomètre reprend la déviation d^o pour :

$$f_2 = 450 \text{ centimètres ou } 50 \times 9,$$
$$f_3 = 800 \text{ centimètres ou } 50 \times 16 \; (^1).$$

De ces expériences nous pouvons tirer cette conclusion remarquable :

Quand des conducteurs de même nature, mais de sections et de longueurs différentes, présentent la même résistance au courant, le rapport de la longueur de chacun à sa section est constant.

D'où il résulte que, si les conducteurs ont même section, leur résistance varie comme leur longueur, et s'ils ont même longueur, cette résistance varie en raison inverse de leur section.

TROISIÈME EXPÉRIENCE. — Remplaçons le fil de fer f par un fil de cuivre du même diamètre ($0^{mm},2$) et cherchons par tâtonnements la longueur qu'il faut introduire dans le circuit pour obtenir la déviation d^o : nous trouvons 304 centimètres, soit 6 fois la longueur de f.

Employons au contraire un fil de maillechort, cette fois nous trouvons 23 centimètres, soit moins de la moitié de la longueur de f.

Nous arrivons donc à cette conclusion que des conduc-

(^{1}) Pour disposer sans encombre d'une pareille longueur de fil, on l'enroule autour d'une planchette de bois en évitant que les spires se touchent (voir *fig.* 47).

teurs de *même longueur*, de *même section*, mais de **nature différente**, n'ont pas la même résistance électrique.

Les différents résultats auxquels nous ont conduit les expériences précédentes sont résumés dans la loi suivante :

La résistance d'un conducteur est :

1° *Proportionnelle à sa longueur ;*

2° *Inversement proportionnelle à sa section ;*

3° *Proportionnelle à un coefficient particulier à chaque conducteur* qu'on appelle sa **résistance spécifique**.

81. Unité de résistance : ohm.

On évalue numériquement les résistances en les comparant à une unité de résistance qui a reçu le nom d'**ohm**, du nom d'un physicien allemand[1].

Nous ne donnerons pas la définition physique de l'ohm, nous dirons seulement qu'au point de vue pratique l'*ohm est représenté par la résistance d'une colonne de mercure, à 0°C, de 106*^{cm}*,3 de longueur et de 1*^{mm2} *de section*.

Un fil de cuivre de 1^{mm} de diamètre et de 50 mètres de longueur a une résistance de 1 ohm. Des longueurs de 100, 200, 1.000 mètres du même fil représentent donc respectivement des résistances de 2, de 4, de 20 ohms.

Pour évaluer les faibles résistances, on prend un sous-multiple de l'ohm, le *micro-ohm*, qui vaut $\dfrac{1}{1.000.000}$ (un millionième) d'ohm.

On évalue les fortes résistances en millions d'ohms ou *méga-ohms*.

82. Résistance spécifique d'un conducteur.

La résistance spécifique *d'un conducteur est*, par définition, la *résistance exprimée en ohms d'un fil* cylindrique *de ce con-*

[1] Ohm, physicien allemand (1784-1854).

ducteur ayant **1** *centimètre de* **longueur** *et* **1** *centimètre carré de* section.

Le tableau suivant donne la résistance spécifique de quelques substances les plus employées.

SUBSTANCES	RÉSISTANCE SPÉCIFIQUE en ohms-centimètres	SUBSTANCES	RÉSISTANCE SPÉCIFIQUE en ohms-centimètres
Argent recuit.	0,000001492	Charbon de cornue......	0,07
Cuivre — .	0,000001584	Solution de sulfate de zinc.	35
Platine — .	0,000008984	— de cuivre.	37
Fer — .	0,000009636	Verre ordinaire	70.000.000
Maillechort...	0,00002089	Papier..................	2.000.000.000
Mercure	0,00009434	Ébonite.................	28.000.000.000

Si l'on désigne la *longueur* d'un conducteur mesurée en centimètres par **l**, sa *section* exprimée en centimètres carrés par **s**, sa *résistance spécifique* exprimée en ohms-centimètres par **a**, la résistance R de ce conducteur, exprimée en ohms, est donnée par la relation générale :

$$R \text{ ohms} = \frac{a \times l}{s}$$

83. Problèmes.

I. — *Quelle est la résistance d'un fil de cuivre recuit de* 300 *mètres de long et de* $\frac{1}{2}$ *millimètre de rayon?*

SOLUTION. — En appliquant la formule générale précédente, on a :

$$a = 0,000.001.584 \text{ ohm-centimètre},$$
$$l = 30.000 \text{ centimètres},$$
$$s = 0^{cm},05^2 \times 3,1416 = 0^{cm2},007.854,$$

d'où :

$$R = \frac{0,000.001.584 \times 30.000}{0,007.854} = 6^{ohms},05.$$

II. — *Quelle est la section d'un fil de fer de 25 mètres de long ayant une résistance de 1 ohm?*

Solution. — D'après la relation fondamentale :

$$\frac{al}{s} = R,$$

on a :

$$Rs = al,$$

d'où :

$$s = \frac{al}{R};$$

or :

$$a = 0{,}000.009.636 \text{ ohm-centimètre},$$
$$l = 2.500 \text{ centimètres},$$
$$R = 1 \text{ ohm},$$

et par suite :

$$s = \frac{0{,}000.009.636 \times 2.500}{1}$$
$$= 0^{cm2}{,}02409.$$

III. — *Quelle est la longueur d'un fil d'argent de $0^{mm2}{,}2$ de section et présentant une résistance de 4 ohms?*

Solution. — D'après la relation générale :

$$\frac{al}{s} = R,$$

on a :

$$al = Rs,$$

d'où :

$$l = \frac{Rs}{a};$$

or :

$$R = 4 \text{ ohms},$$
$$s = 0^{cm2}{,}002,$$
$$a = 0{,}000.001.492 \text{ ohm-centimètre},$$

par suite :

$$l = \frac{4 \times 0{,}002}{0{,}000.001.492}$$
$$= 5.361 \text{ centimètres ou } 53^{m}{,}61.$$

84. Manière pratique de mesurer une résistance. — Boîte de résistances.

Mesurer une résistance, c'est la comparer à l'unité de résistance, c'est-à-dire à l'ohm. On emploie à cet effet un appareil appelé *boîte de résistances*.

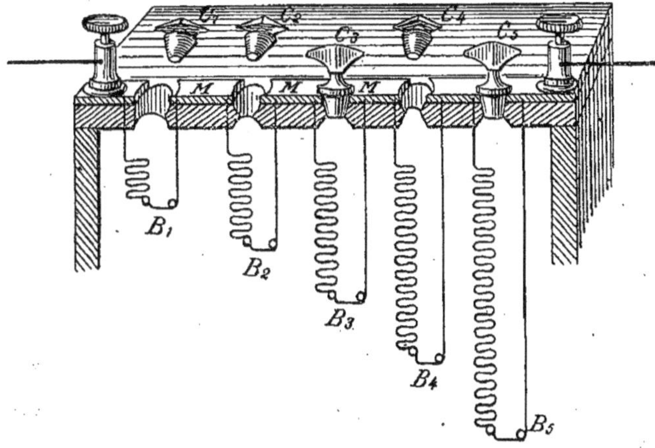

FIG. 42. — Schéma de la disposition des bobines dans une boîte de résistances. En enlevant les chevilles métalliques, C_1, C_2, C_4, on oblige le courant à passer dans les bobines B_1, B_2, B_4, dont la résistance (indiquée sur la boîte) est ainsi introduite dans le circuit.

Une boîte de résistances renferme des bobines en ébonite sur lesquelles on enroule un fil de maillechort recouvert de soie (*fig.* 42). Les extrémités du fil de chaque bobine sont soudées à deux plaques de cuivre épaisses et courtes, vissées sur le couvercle d'ébonite de la boîte, et séparées par un trou légèrement conique. Ce trou peut être obturé au moyen d'une fiche de cuivre à tête d'ébonite. Quand les chevilles sont en place, le courant passe tout entier dans la barre formée par les pièces de contact dont la résistance est négligeable.

Lorsqu'on enlève une cheville, le courant doit nécessairement passer par la bobine correspondante dont la résistance est ainsi introduite dans le circuit. Les résistances des bobines consécutives d'une boîte de résistances suivent une gradation analogue à celle des masses d'une boîte de poids marqués :

1	2	2	5	ohms.
10	20	20	50	—
100	200	200	500	—
1.000	2.000	2.000	5.000	—

Cela posé, voici un moyen simple d'évaluer une résistance, celle d'un fil métallique **mn**, par exemple.

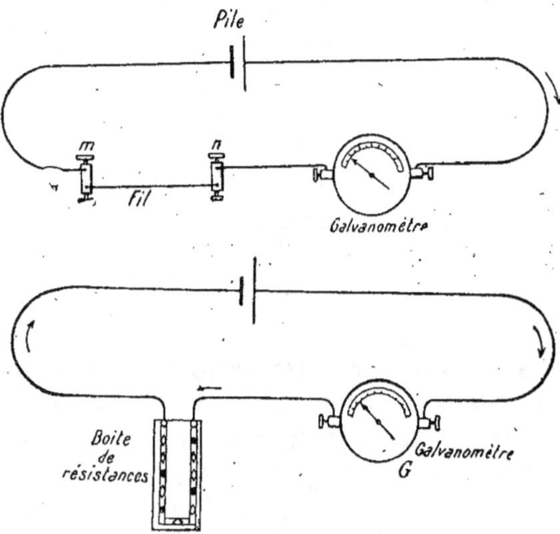

Fig. 43. — Mesure de la résistance d'un fil **mn**. On substitue à ce fil une boîte de résistances et, par une suite d'essais méthodiques, on introduit des résistances de manière à faire reprendre à l'aiguille sa déviation précédente. Le total des résistances fait connaître celle du fil.

On introduit ce fil sur le trajet d'un circuit métallique parcouru par un courant (*fig.* 43), on intercale également un galvanomètre G (§ 79 et § 130). L'aiguille de cet instrument prend une certaine déviation.

On remplace le fil **mn** par une boîte de résistances, puis on enlève quelques chevilles en cherchant à ramener l'aiguille du galvanomètre à reprendre la déviation précédente (¹).

Le total des résistances correspondant aux chevilles enlevées donne alors la mesure de la résistance du fil **mn**.

85. Différence de potentiel. Variation du potentiel le long d'un conducteur.

Quand un conducteur est traversé par un courant électrique, deux points de ce conducteur présentent une différence de potentiel qu'il est possible de mesurer à l'aide d'un instrument appelé *électromètre*.

On démontre ainsi :

1° *Que, tout le long d'un fil conducteur, le potentiel va en* diminuant *d'une façon* continue ;

2° *Que, la différence de potentiel entre deux points du conducteur est* proportionnelle à la longueur *qui les sépare ;*

3° *Que pour une intensité donnée, la différence de potentiel* augmente *avec la* résistance *du segment considéré* :

a) Soit qu'on augmente la longueur du fil (§ 81) ;

b) Soit qu'on diminue sa section (§ 81) ;

c) Soit qu'on remplace le fil par un autre de même longueur et de même section, mais de résistance spécifique plus grande (§ 81 et § 82).

86. Unité de différence de potentiel : volt.

Pour mesurer les différences de potentiel, on a fait choix d'une unité qu'on appelle le **volt**(²). *Le* **volt** *est la différence*

(¹) On voit que l'opération est l'analogue d'une double pesée (Voir *Cours de 1ʳᵉ année*). L'aiguille du galvanomètre correspond à celle du fléau, la résistance du fil au corps à peser, les bobines de la boîte de résistances aux poids marqués.

(²) En souvenir du physicien italien Volta (1745-1827).

de potentiel qui s'établit entre les extrémités d'un fil conduc-teur dont la résistance est égale à 1 ohm *quand ce fil est traversé par un courant* dont l'intensité est de 1 ampère.

87. Premières notions sur le voltmètre.

Nous verrons plus tard qu'il existe des appareils (volt-mètres, § 134) fai-sant connaître ra-pidement, par le déplacement d'une aiguille sur un ca-dran, la différence de potentiel, mesu-rée en volts, qui existe entre deux points A et B d'un circuit. Il suffit de mettre les deux bornes de l'appareil en communication

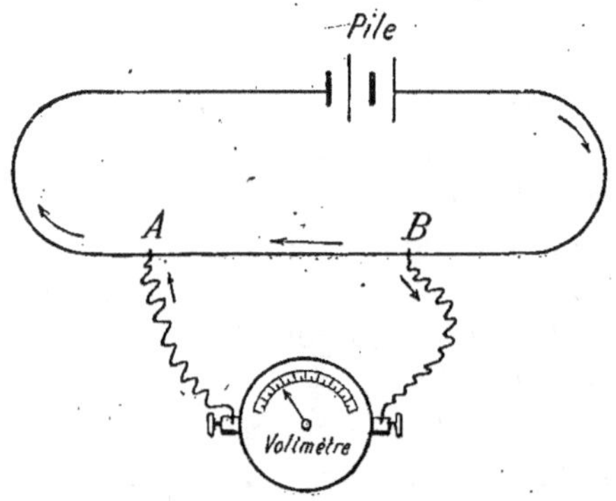

Fig. 44. — Emploi du voltmètre. On le met en dérivation.

par un fil conducteur avec ces deux points (*fig.* 44), en dérivation comme on dit. L'aiguille indique aussitôt la différence de potentiel cherchée.

88. Loi d'Ohm appliquée à un conducteur homogène.

A défaut d'un appareil de mesure, il est possible d'évaluer numériquement en *volts* la différence de potentiel entre deux points A et B d'un conducteur homogène parcouru par un courant si l'on connaît : 1° l'intensité de ce courant, éva-luée en *ampères ;* 2° la résistance, mesurée en *ohms*, de la partie comprise entre A et B.

Il existe, en effet, une relation numérique entre la mesure de l'intensité du courant, celle de la résistance du tronçon AB et celle de la différence de potentiel entre les points A et **B.** Cette relation a été établie par le physicien Ohm et s'énonce de la manière suivante :

Quand un conducteur homogène est traversé par un courant, la **différence** de **potentiel E** *évaluée en* **volts** *entre deux points* A *et* B *de ce conducteur est* proportionnelle à l'intensité I *de ce courant évaluée en* **ampères** *et aussi à la* résistance R *évaluée en* **ohms** *de la portion* AB *du conducteur.*

Cette loi est résumée dans la relation suivante :

$$\text{E}_{\text{volts}} = \text{R}_{\text{ohms}} \times \text{I}_{\text{ampères}}. \tag{1}$$

89. Circuit électrique.

Jusqu'ici nous **avons** considéré **un** courant électrique en dehors de la source qui le produit, et nous l'avons comparé à un courant d'eau s'écoulant d'un vase ou d'un réservoir **A** dans un réservoir situé à un niveau inférieur (*fig.* 45). On comprend aisément qu'au bout d'un certain temps toute l'eau de **A** aura passé dans le réservoir inférieur, alors le courant liquide prendra fin.

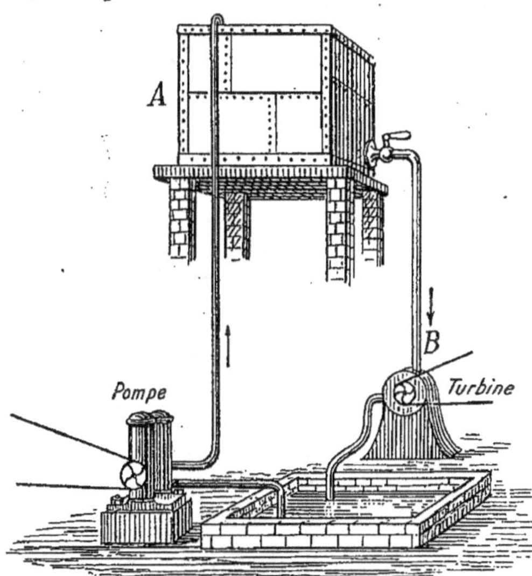

Fig. 45. — Le liquide parcourt un circuit fermé. Il dépense en **B** l'énergie qui lui a été fournie en **A** par la pompe.

Pour avoir un courant continu, il suffit d'aspirer sans cesse l'eau de ce réservoir, au moyen d'une pompe à vapeur par exemple (*fig.* 45), pour la remonter en **A**, manœuvre qui exige une dépense d'énergie (§ 42).

Dans ces conditions, le liquide parcourt un circuit fermé comprenant deux sections :

1° La pompe où de l'énergie provenant de la combustion du charbon est fournie à l'eau en la remontant en **A** au niveau primitif ;

2° Le tuyau d'écoulement où cette énergie se dépense sous forme de frottement contre les parois ou même de travail, si l'eau fait mouvoir une petite machine.

Un phénomène analogue se passe dans une pile. Lorsqu'on réunit les pôles, un courant électrique, dû à la différence de leurs potentiels, s'établit le long du conducteur et l'expérience nous a montré que ce courant persiste (§ 68).

Comme dans l'exemple hydraulique précédent, il existe une source d'énergie qui maintient la différence de potentiel malgré l'écoulement de l'électricité dans le circuit extérieur. Cette source n'est autre que l'action chimique exercée par l'eau acidulée sur le zinc. A la manière de l'énergie calorifique transformée en énergie mécanique dans la pompe prise comme

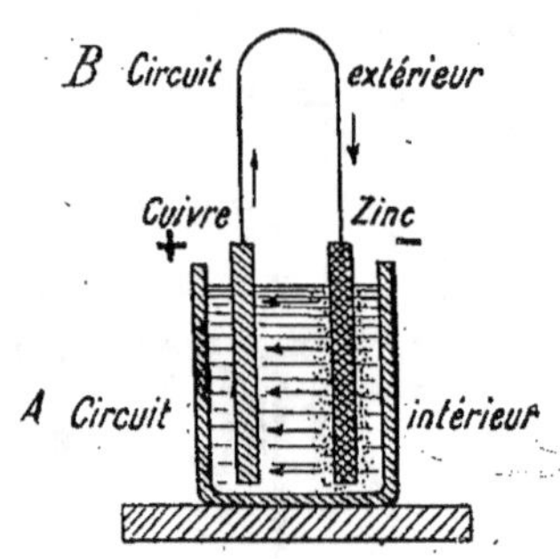

Fig. 46.— De même lorsque les pôles d'une pile sont réunis, le courant électrique parcourt un circuit fermé : il dépense en **B** l'énergie qui lui a été fournie en **A** par l'action chimique de l'eau acidulée sur le zinc.

exemple, l'énergie chimique libérée élève à travers la pile, *du pôle négatif au pôle positif*, la quantité d'électricité qui s'écoule dans le fil extérieur du *pôle positif au pôle négatif* (*fig.* 46).

De même que la circulation d'eau, celle du courant électrique n'est donc pas limitée au conducteur extérieur ; elle aussi parcourt un circuit fermé comprenant également deux parties :

1° La pile, où de l'énergie chimique, sans cesse libérée, sert à remonter la quantité d'électricité mise en jeu, d'un certain potentiel à un potentiel plus élevé ;

2° Le conducteur extérieur où cette énergie se manifeste sous des formes diverses : action sur une aiguille aimantée (§ 68), décomposition de solutions d'un sel métallique (§ 72), effets calorifiques (§ 92) ou lumineux (§ 100), etc., phénomènes dont nous avons déjà dit quelques mots et que nous allons bientôt étudier avec plus de développement.

90. Résistance intérieure. — Loi d'Ohm appliquée à un circuit fermé.

Puisque le courant électrique produit par une pile circule à l'intérieur de cette pile, le *milieu liquide* de celle-ci remplit le rôle de conducteur et, par cela même, *offre une certaine résistance* qu'on nomme résistance intérieure **r**, en sorte que la **résistance** totale du circuit fermé exprimée en ohms est : R + **r**.

Une autre loi d'Ohm établit, dans ce cas, une relation entre l'intensité du courant et la résistance totale du circuit ; elle s'énonce ainsi :

La force électromotrice E *exprimée en volts d'une machine électrique* ([1]) *est* proportionnelle *à l'intensité du courant* I *évaluée en ampères qu'elle fait passer dans un conducteur et pro-portionnelle à la résistance* totale du circuit R + **r** *exprimée en ohms.*

Cette loi est résumée dans la relation suivante :

$$E^{\text{volts}} = (R + r)^{\text{ohms}} \times I^{\text{ampères}}. \qquad (2)$$

([1]) Cette loi est générale et s'applique à tout circuit fermé, quelle que soit la nature de la source d'électricité.

Nous verrons plus loin, en étudiant les piles, une application de cette relation remarquable (§ 122).

91. Expériences. — Pour que les élèves s'habituent facilement à ces notions d'intensité, de résistance, de différence de potentiel, il sera bon de les exercer à l'emploi de l'*ampèremètre* et du *voltmètre*, comme la meilleure manière de les familiariser avec les notions de pression ou d'hygrométrie et de leur faire manipuler des baromètres, des manomètres ou des hygromètres.

On trouvera dans les grands magasins ou les bazars des ampèremètres ou des voltmètres à l'usage des motocyclistes et des automobilistes, de prix modique (7 à 8 francs), dont les indications sont suffisamment précises pour les manipulations qu'on peut avoir à effectuer dans un cours élémentaire.

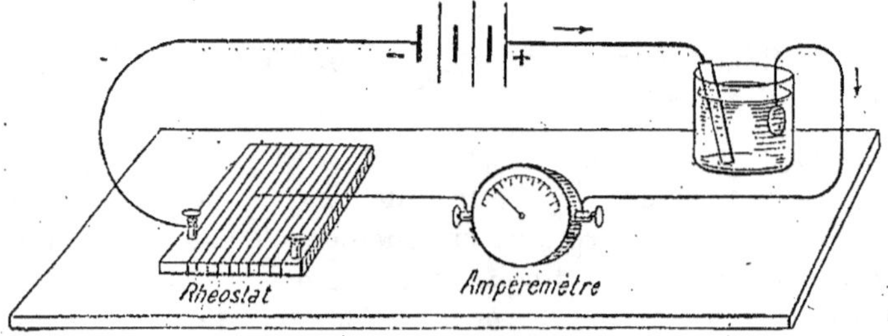

FIG. 47. — Construction et emploi d'un rhéostat.

On construira à bon compte un appareil de résistance ou *rhéostat* en prenant du fil fin ($0^{mm},4$ à 2 millimètres) de maillechort ou de ferro-nickel ou encore du fil de fer de $0^{mm},3$ à $1^{mm},5$ de diamètre. Le diamètre et la longueur du fil employé dépendront de l'intensité du courant produit. On enroulera le fil bien serré autour d'une planchette (*fig.* 47), en évitant que les spires se touchent. Pour introduire une résistance dans un circuit, on mettra l'un des bouts de la coupure en connexion avec une borne et l'on glissera l'autre bout sous l'un des fils du rhéostat plus ou moins éloigné de la borne, suivant qu'on veut avoir une résistance plus ou moins forte. On suit les variations que subit l'intensité du courant sur un galvanomètre ou un ampèremètre mis dans le circuit.

Il est évident que, pour réaliser toutes ces expériences, il sera nécessaire de monter des piles Bunsen ou des piles Radiguet, à moins (ce qui est préférable) qu'on ne dispose d'une prise de courant sur un secteur de la ville. On les appellera sources d'électricité.

Mesure de l'intensité d'un courant. — Préparer un voltamètre à sulfate de cuivre (**10** o/o de sulfate de cuivre, **5** o/o d'acide sulfurique). Employer comme électrodes des lames de cuivre rouge; mettre un ampèremètre et un rhéostat dans le circuit et ne pas dépasser une intensité de **1** ampère par décimètre carré de surface d'électrode. Nettoyer avec soin les électrodes (papier d'émeri, savon, eau pure), les sécher avec du papier-filtre. Peser avec précision l'électrode négative, puis monter le voltamètre et faire passer le courant environ **15** à **20** minutes. Pendant ce temps surveiller l'ampèremètre pour s'assurer de la constance du courant, agir sur le rhéostat au besoin. Retirer ensuite les électrodes, les rincer avec soin, les sécher sur papier-filtre sans les frotter et peser l'électrode négative. Etablir la masse de cuivre déposée pendant la durée de l'expérience et en déduire, d'après les indications précédentes (§ 73, note 2), l'intensité du courant.

Résistance des conducteurs. — Réaliser les expériences décrites au paragraphe 80.

RENSEIGNEMENTS POUR LA CONFECTION D'UN RHÉOSTAT
RÉSISTANCE PAR MÈTRE EN OHMS

DIAMÈTRE EN 1/10 de mm.	MAILLECHORT RECUIT		FERRO-NICKEL RECUIT	CUIVRE
	ORDINAIRE	SUPÉRIEUR		
1	26,101	53,476	100,386	2,034
2	6,525	13,369	24,926	0,508
3	2,900	5,941	11,074	0,226
4	1,631	3,342	6,229	0,127
5	1,044	2,139	3,988	0,081
6	0,725	1,485	2,769	0,0565
8	0,407	0,835	1,557	0,0317
10	0,261	0,534	0,996	0,0203
12	0,181	0,371	0,692	0,0141
14	0,133	0,272	0,508	0,01037
16	0,101	0,208	0,389	0,00794
18	0,080	0,165	0,307	0,00627
20	0,065	0,133	0,249	0,00508

CHAPITRE XI

ÉNERGIE ÉLECTRIQUE. — EFFETS CALORIFIQUES DES COURANTS

PLAN

Énergie électrique

Expérience :
Lorsqu'on fait passer à travers un fil de fer fin et court un courant de plusieurs ampères, ce fil s'échauffe et même rougit.

L'énergie calorifique est une transformation de l'énergie électrique due à la *chute de potentiel* d'une certaine *quantité* d'électricité.

Mesure de l'énergie électrique dans une portion AB d'un conducteur
Cette énergie, évaluée en joules, est donnée par la relation :

$$T \text{ joules} = Q \text{ coulombs} \times E \text{ volts}$$

(Q° = quantité d'électricité transportée par le courant ;

E^v = différence de potentiel entre A et B).

Puissance d'un courant dans une portion AB d'un conducteur
Elle est mesurée à la fois par l'intensité du courant I ampères et par la chute de potentiel E volts entre A et B.

Elle est donnée par la relation :

$$W \text{ watts} = E \text{ volts} \times I \text{ ampères}.$$

On évalue aussi la puissance en *hectowatts* et en *kilowatts*.

Unités secondaires d'énergie
On emploie ordinairement l'*hectowatt-heure* et le *kilowatt-heure*.

Loi de Joule
La quantité de chaleur dégagée dans un conducteur homogène est proportionnelle :

1° A la résistance du courant, R ohms ;

2° Au *carré* de l'intensité du courant, I ampères ;

3° A la durée du courant, t secondes.

Cette quantité de chaleur, évaluée en petites calories, est donnée par la relation :

$$Q \text{ petites calories} = \frac{R \text{ ohms} \times I^2 \text{ ampères} \times t \text{ secondes}}{4,17}$$

Effets calorifiques des courants

Eclairage

Lampes à incandescence
Ampoules de verre vides d'air et renfermant un mince filament de charbon que le courant porte à l'incandescence (éclairage des appartements) ; on les monte en dérivation.

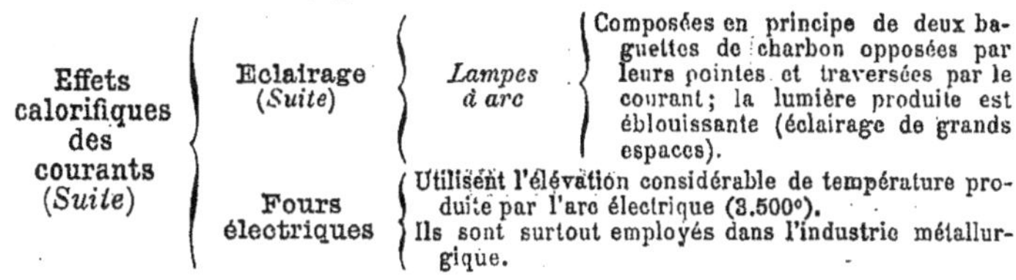

| Effets calorifiques des courants (*Suite*) | Eclairage (*Suite*) | Lampes à arc | Composées en principe de deux baguettes de charbon opposées par leurs pointes et traversées par le courant; la lumière produite est éblouissante (éclairage de grands espaces). |
| | Fours électriques | | Utilisent l'élévation considérable de température produite par l'arc électrique (3.500°). Ils sont surtout employés dans l'industrie métallurgique. |

92. Effets calorifiques en général.

Considérons un courant électrique de quelques ampères circulant à travers un fil de cuivre de 1 millimètre de diamètre ; nous pouvons toucher ce fil sans ressentir d'impression appréciable. Remplaçons un centimètre de ce fil conducteur, par un centimètre de fil de fer de $\frac{2}{10}$ de millimètre ; nous ressentons une impression de chaleur marquée et même, pour une intensité du courant un peu forte, le fil ne peut être tenu à la main, car son échauffement est tel qu'il rougit.

De cette expérience il faut conclure que la grande résistance opposée par le fil de fer fin au passage du courant a produit une élévation de température, comme si cette résistance déterminait une sorte de frottement à travers le conducteur.

93. Énergie électrique.

Nous savons par une étude antérieure (§ 42) que la chaleur est une forme d'énergie. D'où vient l'énergie calorifique apparue dans le conducteur? Nous l'avons dit plus haut (§ 89) : elle vient de l'énergie due à la chute d'une certaine quantité d'électricité passant d'un potentiel V a un potentiel moindre V'.

Comment mesurer cette énergie électrique ? Une nouvelle comparaison hydraulique nous le fera comprendre.

Nous avons vu (§ 33) que le kilogrammètre vaut 9[joules],81 ; donc, lorsqu'une certaine quantité d'eau, q kilogrammes, tombe d'une certaine hauteur h mètres, l'énergie produite, évaluée en *joules*, est :

$$\text{T}^{\text{joules}} = 9,81 \times q \times h.$$

D'une manière analogue, si Q *coulombs* mesurent la quantité d'électricité mise en mouvement le long d'un conducteur et si E *volts* représentent la différence de potentiel entre deux points A et B de ce conducteur, l'énergie électrique produite dans le tronçon AB, évaluée en *joules*, est :

$$\text{T}^{\text{joules}} = \text{Q}^{\text{coulombs}} \times \text{E}^{\text{volts}}.$$

Mais le courant étant continu, l'énergie électrique totale mise en jeu dépend aussi du débit du courant, autrement dit de son intensité et de la durée de l'écoulement. Ceci nous amène à parler d'une autre grandeur : la *puissance* du courant.

94. Puissance.

On sait que la puissance d'une chute d'eau est mesurée à la fois par son *débit* et par sa *hauteur*. Si le débit est k kilogrammes à la *seconde* et la hauteur de chute h mètres, la puissance P est égale à :

$$\text{P} = hk \text{ kilogrammètres-secondes,}$$

ou, en chevaux-vapeur (§ 34) :

$$\text{P} = \frac{hk}{75} \text{ chevaux-vapeur.}$$

De même si le débit d'un courant circulant dans un conducteur est I ampères, et la différence de potentiel entre deux points A et B de ce conducteur E volts, la puissance électrique utilisable de **A** à **B** évaluée en watts (§ 34) est égale à :

$$P^{\text{watts}} = E^{\text{volts}} \times I^{\text{ampères}}. \qquad (3)$$

Quant à l'énergie électrique totale **T** joules fournie pendant un temps déterminé t secondes, elle est égale au produit de la puissance par le temps :

$$T^{\text{joules}} = E^{\text{volts}} \times I^{\text{ampères}} \times t^{\text{secondes}}. \qquad (4)$$

95. Unités secondaires de travail ou d'énergie.

Lorsque le temps est mesuré en secondes, on obtient des nombres très élevés dès qu'on veut évaluer l'énergie électrique fournie par le courant pendant plusieurs heures. Aussi, au lieu de prendre la puissance par seconde, considère-t-on habituellement l'énergie fournie en une heure. Les unités secondaires employées sont :

1° Le *watt-heure*, c'est-à-dire l'énergie fournie pendant une heure lorsque la puissance est de 1 watt. Alors on a : watt-heure = 1 joule × 3.600 secondes = 3.600 joules ;

2° L'*hectowatt-heure* = 360.000 joules ;

3° Le *kilowatt-heure* = 3.600.000 joules.

96. Problème.

Quelle est l'énergie utilisable en 5 heures entre deux points A et B d'un conducteur présentant une différence de potentiel de 50 volts, sachant que l'intensité du courant est de 8 ampères ?

Solution.—La puissance du courant entre A et B est de :

$$50 \times 8 = 400 \text{ watts.}$$

Donc, en une heure, l'énergie fournie par le courant est de :

$$400 \text{ watts-heures,}$$

en 5 heures elle est de :

$$400^{\text{w-h}} \times 5 = 2.000 \text{ watts-heures}$$

ou :

$$2 \text{ kilowatts-heures.}$$

97. Loi de Joule.

Les considérations précédentes s'appliquent non seulement à la puissance fournie par une source d'électricité, mais encore à l'énergie calorifique absorbée dans une résistance. Aussi, donne-t-on aux relations (3) et (4) une autre forme dans laquelle entre la résistance.

En effet, d'après la loi d'Ohm (§ 88), on a :

$$E^{\text{volts}} = R^{\text{ohms}} \times I^{\text{ampères}}.$$

Portons cette valeur de E volts dans la relation (3) :

$$P^{\text{watts}} = E^{\text{volts}} \times I^{\text{ampères}}.$$

Celle-ci devient

$$P^{\text{watts}} = R^{\text{ohms}} \times I^{2\,\text{ampères}} ; \qquad (5)$$

pendant un temps de t secondes, l'énergie absorbée par la résistance de R ohms est :

$$T^{\text{joules}} = R^{\text{ohms}} \times I^{2\,\text{ampères}} \times t^{\text{secondes}}. \qquad (6)$$

Pour trouver la quantité de chaleur correspondante, il suffit de se rappeler que l'équivalent mécanique de la chaleur est 4 joules 17. Alors on a :

$$Q^{\text{petites calories}} = \frac{R^{\text{ohms}} \times I^{2\,\text{ampères}} \times t^{\text{secondes}}}{4,17}. \qquad (7)$$

C'est le physicien Joule qui établit par des mesures précises la quantité de chaleur dégagée dans un fil parcouru par un courant. Il conclut de ses expériences une loi dont la dernière relation (7) n'est que l'expression et qui s'énonce ainsi :

Loi de Joule. — *La quantité de chaleur dégagée dans un conducteur homogène est proportionnelle.*

1° *A la résistance du conducteur ;*

2° *Au carré de l'intensité du courant ;*

3° *A la durée du courant.*

98. Applications.

I. — *Quelle puissance se dépense dans un conducteur parcouru par un courant de 4 ampères sous une différence de potentiel de 10 volts ?*

D'après la relation (3), $P^w = EI$, on a :

$$P^w = 4^a \times 10^v = 40 \text{ watts.}$$

II. — *Sous quelle différence de potentiel un courant de 4 ampères circule-t-il dans un conducteur, si la puissance absorbée est de 48 watts ?*

De la relation (3), $P^w = EI$, on tire :

$$E = \frac{P^w}{I}, \qquad \text{par suite} \qquad E = \frac{48}{4} = 12 \text{ volts.}$$

III. — *Quelle est la puissance d'un courant de 15 ampères circulant dans un circuit présentant une résistance de 10 ohms ?*

D'après la relation (5), $P^w = RI^2$, on a :

$$P^w = 10 \times 15^2 = 2.250 \text{ watts.}$$

IV. — *Un circuit composé d'une pile, d'un fil de cuivre et du filament de charbon d'une lampe à incandescence, est parcouru par un courant de 2 ampères. Calculer la quantité de chaleur dégagée par heure dans chacune des parties, sachant que les résistances sont dans la pile* 3^{ohms},25, *dans le fil conducteur* 0^{ohm},75, *dans le filament de la lampe* 35 *ohms.*

Solution. — La quantité de chaleur dégagée dans chaque partie nous sera donnée par la relation (7) :

$$Q \text{ petites calories} = \frac{R^{\text{ohms}} \times I^{2 \text{ ampères}} \times t^{\text{secondes}}}{4,17}.$$

Chaleur dégagée dans la pile :

$$Q \text{ petites calories} = \frac{3^{\text{oh}},25 \times 2^{2 \text{ amp}} \times 3.600^{\text{sec}}}{4,17}.$$

Chaleur dégagée dans le fil conducteur :

$$Q \text{ petites calories} = \frac{0^{\text{oh}},75 \times 2^{2 \text{ amp}} \times 3.600^{\text{sec}}}{4,17}.$$

Chaleur dégagée dans la lampe :

$$Q \text{ petites calories} = \frac{35^{\text{oh}} \times 2^{2 \text{ amp}} \times 3.600^{\text{sec}}}{4,17}.$$

99. **Utilisation de la chaleur dégagée dans un conducteur parcouru par un courant.**

Il résulte des explications précédentes que le passage d'un courant dans un conducteur produit un certain échauffement de ce conducteur ; échauffement qui, d'après la loi de Joule, sera d'autant plus considérable que la résistance du conducteur sera plus grande, et l'intensité du courant plus élevée.

L'élévation de température peut prendre une valeur suffisante pour que le conducteur devienne incandescent et entre même en fusion. On utilise en chirurgie la chaleur produite dans un fil fin de platine parcouru par un courant, pour procéder à l'ablation des tumeurs, polypes, réduction des amygdales, etc. ; le fil incandescent tranche les tissus en les brûlant ; en même temps il produit une cautérisation qui évite tout épanchement sanguin.

100. Éclairage électrique.

L'échauffement d'un conducteur par le passage d'un courant électrique fait l'objet d'une application importante à l'éclairage.

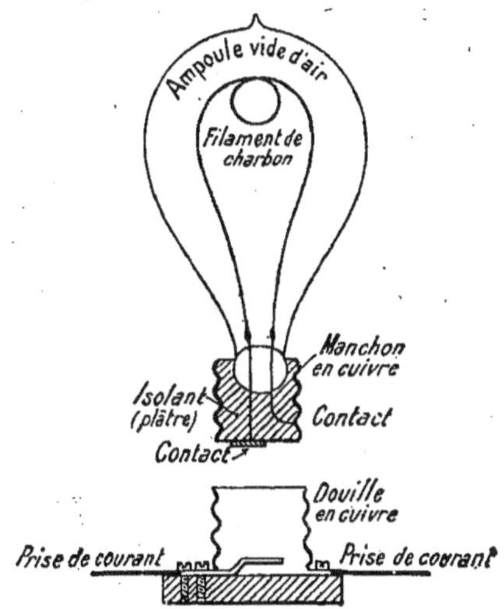

Fig. 48. — *Lampe électrique à incandescence.* — Le filament de charbon oppose une grande résistance au passage du courant. L'énergie électrique passe à l'état d'énergie calorifique et le filament est porté à l'incandescence.

Les premières lampes incandescentes furent constituées à l'aide d'un fil de platine très fin. Malheureusement la température où le platine devient incandescent est très voisine de son point de fusion, en sorte qu'une augmentation de quelques volts amenait la mise hors d'usage de la lampe ainsi construite. Un notable progrès fut réalisé lorsqu'on substitua au platine un filament de charbon, substance infusible qui peut être portée à une température élevée sans être détériorée. En outre, par suite de sa résistance (environ 250 fois celle du platine), le charbon s'échauffe beaucoup plus que ce dernier, pour une même intensité du courant (§ 97). Seulement le charbon offre cet autre inconvénient de brûler à l'air ; on y remédie en plaçant le filament dans une ampoule de verre où l'on a pratiqué un vide parfait. Les filaments employés sont très fins, de quelques dixièmes de millimètre; nous n'entrerons pas dans le détail de la fabrication des lampes à incandescence.

La figure 48 montre comment se fait la prise du courant.

101. Voltage aux bornes des lampes. — Intensité lumineuse. — Montage des lampes.

Le pouvoir éclairant d'une lampe s'évalue en bougies décimales ([1]). Les lampes sont généralement établies pour fonctionner sous des tensions de 50, 65, 100, 160, 220 volts et pour des intensités lumineuses de 5, 10, 16, 32 bougies. Une lampe de 16 bougies laisse passer un courant d'environ un demi-ampère. L'énergie qu'elle consomme par seconde dans un courant de 110 volts est donc [§ 94 (3)] :

$$P_{watts} = 110_{volts} \times 0_{ampère},50 = 55_w \ (^2).$$

Les lampes à incandescence se montent en dérivation parallèle (*fig.* 49). Le courant principal se partage entre les lampes à la manière d'un courant d'eau alimentant plusieurs conduites. — Un interrupteur mis sur le trajet de l'un des fils con-

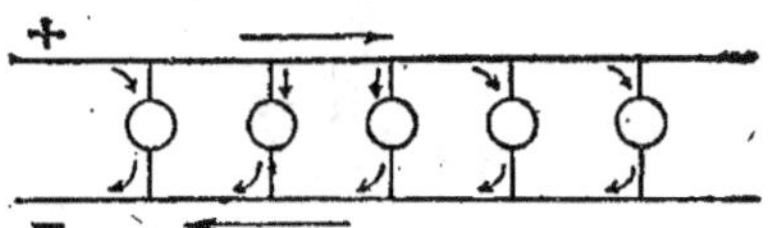

Fig. 49. — Montage en parallèle de lampes à incandescence Elles figurent autant de robinets par où le courant circule.

ducteurs permet d'établir ou de couper le courant et par suite d'allumer ou d'éteindre la lampe (*fig.* 50).

Le problème d'application suivant va nous donner l'oc-

([1]) On appelle intensité d'une source lumineuse la quantité de lumière qu'elle envoie normalement sur une surface de 1 centimètre carré placée à 1 mètre de distance. La bougie décimale a une intensité lumineuse égale au $\frac{1}{20}$ de l'intensité lumineuse émise normalement par 1 centimètre carré de la surface d'un bain de platine en fusion (*violle*). L'intensité d'une lampe Carcel brûlant à l'heure 42 grammes d'huile de colza épurée est d'environ 10 bougies décimales.

([2]) Il existe maintenant des lampes à filament métallique beaucoup plus économiques, malgré leur prix d'achat plus élevé, et qui consomment environ 1 watt par bougie. Leurs qualités diverses justifient leur vogue croissante.

casion d'utiliser plusieurs des relations établies précédemment.

102. Problème.

Entre les extrémités **B** et **D** de deux conducteurs **AB** et **CD** il existe une différence de potentiel de 110 volts. Entre ces points on a installé la dérivation de 10 lampes à incandescence de 16 bougies chacune. Sachant qu'une lampe consomme une puissance de $3^w,5$ par bougie, on demande de calculer :

1° L'intensité du courant qui passe dans chacune des lampes ;

2° La résistance de la lampe ;

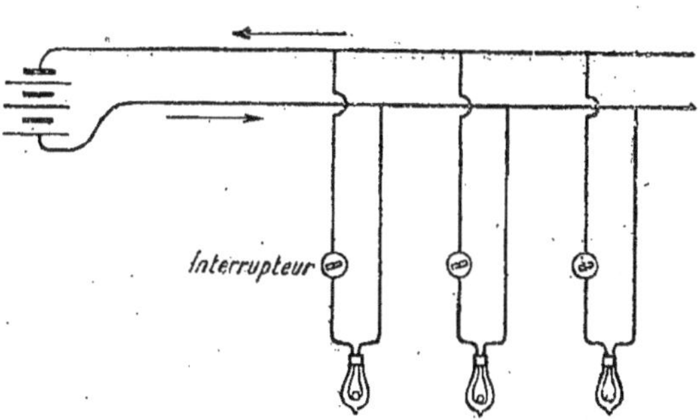

Fig. 50. — Schéma de l'installation de lampes avec leur interrupteur.

3° L'intensité du courant qui passe dans les conducteurs principaux **AB** et **CD** ;

4° L'énergie consommée par les **10** lampes pendant une heure ;

5° Le coût de l'éclairage pendant 5 heures à raison de $0^f,50$ le kilowatt-heure.

I. — *L'énergie consommée dans une lampe de 16 bougies est* .

$$3^w,5 \times 16 = 56 \text{ watts.}$$

Or, d'après la relation $P^w = E^v \times I^a$, on a :

$$56^{watts} = 110^v \times I^a.$$

D'où : intensité du courant passant dans une lampe :

$$I = \frac{56}{110} = 0,51 \text{ ampère.}$$

II. — *Calcul de la résistance d'une lampe :*

D'après la relation $P^w = R \times I^2$ [§ 97 (5)], on a :

$$R = \frac{P^w}{I^2},$$

or

$$P^w = 56 \text{ watts}$$

et

$$I = \frac{56}{110} \text{ ampères (valeur déjà trouvée plus haut).}$$

Par suite :

$$I^2 = \frac{56^2}{110^2},$$

donc

$$R = \frac{56}{\dfrac{56^2}{110^2}} = \frac{56 \times 110^2}{56^2} = \frac{110^2}{56} = 216 \text{ ohms.}$$

III. — *Calcul de l'intensité du courant passant dans les conducteurs principaux :*

Puisque ces conducteurs alimentent 10 lampes laissant passer chacune **0,51** ampère, le courant principal a une valeur de **0,51** ampère $\times$ 10 = **5,1** ampères.

IV. — *Energie consommée par les 10 lampes :*

L'énergie consommée par une lampe est **56** watts, soit pour une heure **56** watts-heures (§ 95).

Donc, pour 10 lampes, l'énergie consommée sera :

$$56^{\text{w-h}} \times 10 = 560 \text{ watts-heures.}$$

V. — *Coût de l'éclairage :*

La consommation totale pour 5 heures sera :

$$560^{\text{w-h}} \times 5 = 2.800 \text{ watts-heures} = 2^{\text{kw-h}},8,$$

et la dépense de : $0^r,50 \times 2,8 = 1^r,40$ [1]

103. Arc électrique.

Lorsque, sur le trajet d'un courant d'intensité et de voltage suffisants, 4, 6, 8, 10 ampères et 35 à 80 volts environ,

[1] Calculer la consommation si les lampes étaient à filament métallique (§ 101, note 2).

on intercale deux baguettes de charbon dont les pointes se touchent, on voit leurs extrémités en regard devenir incandescentes. Si l'on écarte un peu les pointes, une lumière éblouissante se produit.

En projetant, à l'aide d'une lentille convergente, l'image des charbons sur un écran (*fig.* 51), on reconnaît que l'intervalle compris entre les pointes des charbons (arc électrique) est beaucoup moins lumineux que les pointes elles-mêmes, et surtout que celle du charbon en relation avec le pôle positif. L'extrémité de celui-ci se creuse en une sorte de cratère d'un blanc éblouissant, tandis que le charbon négatif, beaucoup moins brillant, s'use en pointe. On constate en outre, avec netteté, que des particules de charbon se détachent du premier vers le second.

Fig. 51. — *Arc électrique.* — Quand on maintient à une petite distance les deux charbons réunis aux pôles d'une source d'électricité d'au moins 50 volts, une lumière éblouissante jaillit.

La température du cratère de l'extrémité positive est toujours la même, quelle que soit la puissance du courant; elle a été évaluée par M. Violle à 3.500°. L'existence de cette température fixe ne peut être attribuée qu'à un phénomène de changement d'état et, par suite, à l'ébullition du carbone. La température de l'arc est encore plus élevée.

Cette transformation de l'énergie électrique en énergie lumineuse est due à ce fait que presque toute la résistance du circuit est concentrée à la sortie du charbon positif dans l'air compris entre les charbons. Ce milieu gazeux, mauvais conducteur, joue le rôle d'un fil fin réunissant les pointes. L'énergie électrique fournie par la source d'électricité vient donc se dépenser sur un petit espace et produit ainsi cette température énorme de 3.500°.

104. Lampes à arc. — Régulateurs.

La vive lumière produite par l'arc électrique est éminemment propre à éclairer de grands espaces. Toutefois un inconvénient sérieux se rencontre dès qu'on veut assurer par ce moyen un éclairage un peu prolongé : l'écart qui sépare les charbons augmente peu à peu par suite de l'usure de leurs pointes et, avec lui, la résistance rencontrée par le courant, de sorte que bientôt celui-ci ne peut plus passer et l'arc s'éteint.

Pour obtenir un éclairage continu, il faudrait maintenir un écart constant entre les charbons ; on y est parvenu à l'aide de dispositifs ingénieux appelés *régulateurs*, que nous ne décrirons pas, et grâce auxquels les charbons sont maintenus automatiquement par le courant lui-même à la distance convenable.

105. Fours électriques.

L'énorme chaleur dégagée dans l'arc électrique a été utilisée pour amener la fusion des matières qui, jusqu'alors, avaient résisté aux plus hautes températures. On emploie à cet effet un four imaginé par M. Moissan et dont la figure 52 donne la disposition essentielle.

A la haute température produite (3.500°), la chaux, la magnésie se liquéfient, le platine se volatilise.

On a construit dans l'industrie des fours électriques capables de produire en grand la fusion du fer, de la fonte, de l'acier. On a obtenu ainsi des fers remarquablement purs, des aciers divers de composition bien déterminée ([1]), etc.

Pour compléter ces notions sommaires, voici, d'après un article de M. Matignon dans *la Revue scientifique* du 17 février 1906,

([1]) Voir *Cours de Chimie*, 2ᵉ année (§ 93).

quelques renseignements précis sur le fonctionnement d'un four
électrique, système Héroult (*fig.* 53), utilisé par la Société élec-

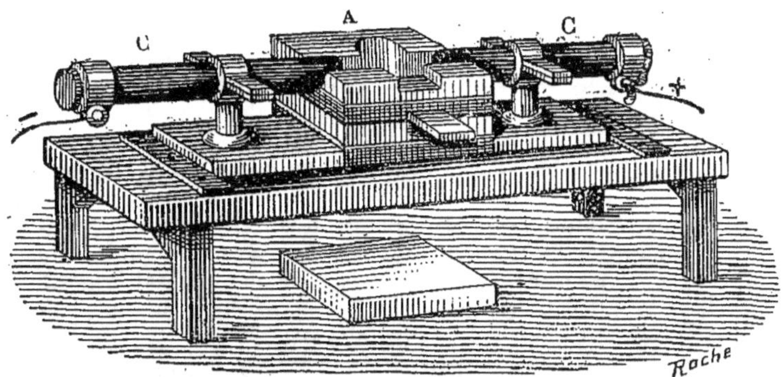

Fig. 52. — *Four électrique de laboratoire.* — A, creuset où se trouve
le mélange de chaux et de charbon; G et G', charbons entre lesquels
jaillit l'arc électrique.

tro-métallurgique française dans son usine de la Praz, près
de Modane (Savoie).

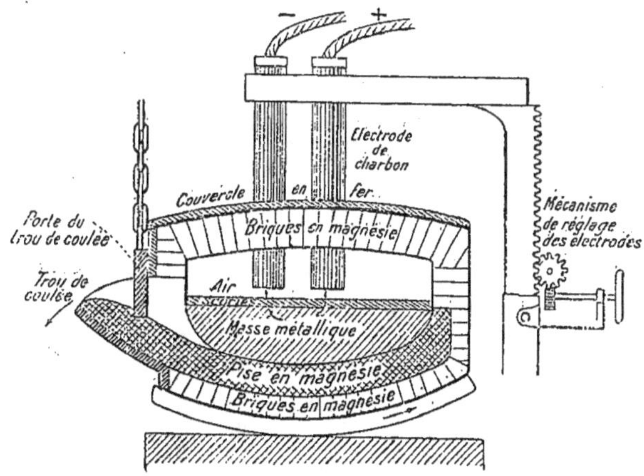

Fig. 53. — Four électrique, procédé Héroult (schéma).

Le courant alternatif (§ 156, note), de 4.000 ampères sous un
voltage de 110 volts, est fourni par des dynamos (§ 151) actionnées

par le torrent de l'Arc. La puissance disponible est de **13.000** chevaux. Le four coûte **50.000** francs tout compris. Les électrodes en charbon de cornue aggloméré par du goudron ont **2** mètres de long; elles pèsent **500** kilogrammes, reviennent à **30** francs et durent une semaine.

Le four électrique fonctionne comme four à résistance. La masse métallique est parcourue par le courant qui y transforme toute son énergie en chaleur suivant la loi de Joule (§ 97), c'est-à-dire *proportionnellement* à la *résistance* de la masse et au *carré de l'intensité* du courant.

Le courant sort de l'une des électrodes, traverse la mince couche d'air en formant arc électrique et arrive à la scorie peu conductrice; il pénètre ensuite dans la masse métallique de moindre résistance et retourne à la deuxième électrode par l'intermédiaire de la scorie et de la couche d'air.

Ce four effectue des coulées de **2.500** kilogrammes et peut fabriquer **50** tonnes d'acier par semaine. Ces aciers ne le cèdent en rien aux meilleurs aciers fins de cémentation et conviennent parfaitement au moulage.

Le four électrique permet une purification inconnue au four Martin (voir *Cours de Chimie*, 2 vol., § 85). Grâce au prix de revient peu élevé de l'énergie électrique produite, il met l'acier fin à la portée d'industries qui jusqu'ici avaient dû se contenter d'aciers plus ordinaires à cause du prix élevé de l'acier fin.

106. Expériences. — Porter un fil à l'incandescence. On emploiera un fil fin et court de maillechort et un courant de quelques ampères.

Lampe à incandescence. Examiner celles qui font partie du matériel de laboratoire.

Allumer une petite lampe à l'aide du courant fourni par la dynamo qui complète d'ordinaire le matériel de l'école. Pour assurer un bon fonctionnement, veiller à ce que les balais de charbon *portent bien* sur le collecteur. Au besoin, augmenter l'adhérence en appuyant à la main.

Pour observer le fonctionnement des lampes à arc, on utilisera les ressources que peut offrir la ville ou la région : grands magasins, usines, etc.

CHAPITRE XII

EFFETS CHIMIQUES DES COURANTS

PLAN

Électrolyse

Expérience — Lorsqu'on fait passer un courant à travers une dissolution de sulfate de cuivre (électrolyte) en prenant comme électrodes (anode et cathode) deux lames de platine, le courant décompose la solution et le cuivre se dépose sur la lame de sortie (cathode).

Lois qualitatives

I. — Sous l'action d'un courant, le métal d'un milieu électrolytique se sépare toujours du radical avec lequel il est uni.

II. — Les produits de la décomposition n'apparaissent jamais dans la masse de l'électrolyte, mais seulement sur les électrodes.

III. — Le métal (ou l'hydrogène) suit le courant et apparaît sur l'électrode de sortie ; le radical se dirige en sens inverse et se porte sur l'électrode d'entrée.

Lois quantitatives de Faraday

I. — Lorsqu'un courant traverse un milieu électrolytique, la masse d'hydrogène libéré ou de métal déposé est *proportionnelle* à la quantité d'électricité qui a traversé l'électrolyte.

II. — Quand un même courant traverse plusieurs milieux électrolytiques, les *masses* d'hydrogène ou des divers métaux libérés dans un *même* temps sont :

a) *Proportionnelles* à leurs poids atomiques ;

b) *Inversement proportionnelles* à leur valence dans l'électrolyte.

Anode soluble

Expérience — Si l'électrode d'entrée est de même métal que celui du sel de l'électrolyte, elle se dissout peu à peu dans le liquide, tandis que le métal se dépose à la sortie. Cela revient à un véritable transport du métal de l'*anode* sur la cathode.

Applications industrielles

Affinage des métaux — Surtout appliqué à l'affinage du cuivre. L'anode est du cuivre impur, la cathode du cuivre pur qui s'accroît peu à peu de tout le cuivre pur déposé.

Galvanoplastie — On produit le dépôt du métal sur un moulage en gutta de l'objet qu'on veut reproduire. Ce moulage rendu conducteur sert de cathode.

Dorure Argenture Nickelage — C'est une modification du procédé précédent. Le bain électrolytique est un sel d'or, d'argent ou de nickel et l'objet à recouvrir sert de cathode.

Électro- métallurgie et électro- chimie	On utilise les procédés électrolytiques pour affiner ou préparer des métaux, en particulier l'aluminium. De même pour préparer un certain nombre de produits chimiques : chlore, soude, hypochlorite de sodium, chlorate de potassium.

107. Effets chimiques des courants. — Électrolyse.

Les effets calorifiques du courant ne sont pas les seules manifestations de l'énergie électrique.

Nous avons vu (§ 89) les actions chimiques produites dans une pile libérer de l'énergie électrique ; et nous avons vu aussi (§.72) que, par un phénomène inverse, l'énergie électrique peut produire à son tour des effets chimiques. On les désigne sous le nom d'effets électrolytiques.

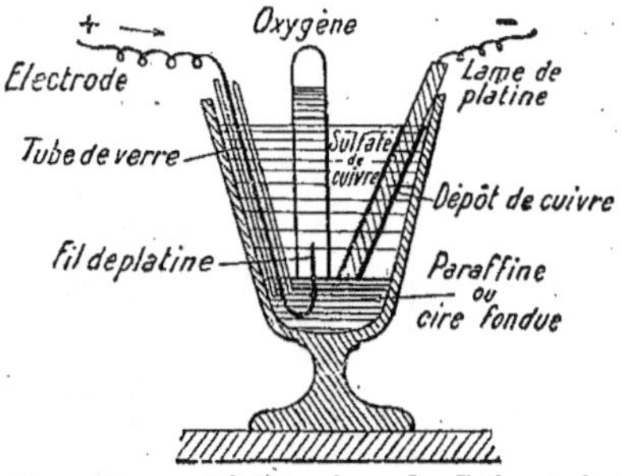

En un point d'un conducteur parcouru par un courant, intercalons un vase **V** (*fig.* 54) rempli d'une solution de sulfate de cuivre (*électrolyte*), dans laquelle le courant pénètre par une lame de platine **P**, en relation avec le pôle positif (électrode positive ou *anode*), et sort par une autre lame **P'**, en relation avec le pôle négatif (électrode négative ou *cathode*). Coiffons la lame **P** d'une éprouvette pleine de la solution de sulfate de cuivre ; nous voyons de fines bulles de gaz s'élever dans l'éprouvette. On reconnaît facilement que ce sont des bulles d'oxygène (voir *Cours de Chimie*, première année, § 18), tandis que la lame **P'** se recouvre d'une couche rougeâtre de cuivre métallique.

Analysons ce phénomène : le cuivre ne peut provenir que

Fig. 54. — *Phénomène de l'électrolyse.* — Le courant décompose la dissolution de sulfate de cuivre. Le métal se dépose sur l'électrode de sortie, tandis que le reste de la molécule, SO^4, s'empare de l'hydrogène de l'eau et met l'oxygène en liberté.

de la décomposition du sulfate de cuivre en dissolution :

$$SO^4Cu = SO^4 + Cu,$$

mais le groupement (ou radical) SO^4 ne peut exister à l'état libre ; il agit sur le dissolvant (eau) pour former de l'acide sulfurique :

$$SO^4 + H^2O = SO^4H^2 + \overset{\nearrow}{O},$$

d'où le dégagement d'oxygène observé à l'électrode positive.

On produit un effet analogue lorsqu'on fait passer un courant électrique dans de l'eau acidulée par de l'acide sulfurique (*fig.* 55) ; le courant décompose l'acide sulfurique :

$$SO^4H^2 = SO^1 + \overset{\nearrow}{H^2},$$

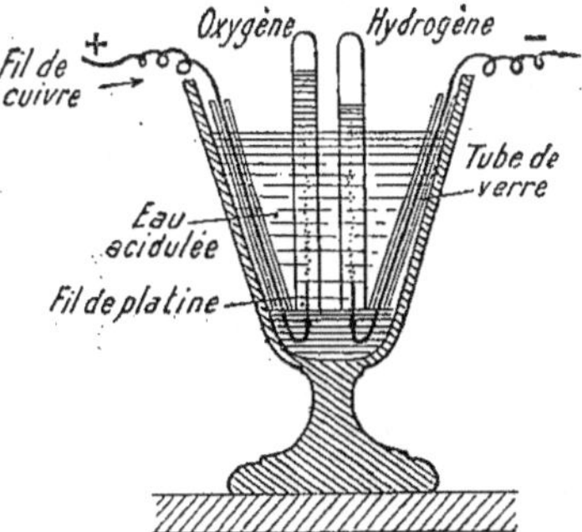

Fig. 55. — *Voltamètre*. — Décomposition de l'eau acidulée.

l'hydrogène se dégage sur le fil de sortie (cathode) ; le radical SO^4 décompose l'eau, se combine à l'hydrogène pour reformer de l'acide sulfurique, tandis que l'oxygène se dégage sur le fil d'entrée du courant (anode) :

$$SO^4 + H^2O = SO^4H^2 + \overset{\nearrow}{O}.$$

Le phénomène de la décomposition d'une dissolution saline ou électrolyte est général ; il s'observe également avec les acides, les bases, les sels fondus.

108. Lois qualitatives.

En considérant l'hydrogène comme jouant le rôle d'un métal dans un acide, on peut énoncer les lois qualitatives suivantes :

1re *loi.* — Sous l'action d'un courant, le métal d'un milieu électrolytique se sépare toujours du radical avec lequel il est uni.

2e *loi.* — *Les produits de la décomposition n'apparaissent jamais dans la masse de l'électrolyte, mais seulement sur les électrodes.*

3e *loi.* — Le métal (ou l'hydrogène) suit le courant et apparaît sur l'électrode de sortie, le radical se porte en sens inverse du courant et se dégage à l'électrode d'entrée.

109. Lois quantitatives de Faraday.

Diverses expériences que nous ne décrirons pas ont conduit aux résultats suivants :

a) Lorsqu'une quantité d'électricité égale à 96.600 coulombs a traversé de l'eau acidulée par de l'acide sulfurique, la masse d'hydrogène qu'elle a libérée est de 1 gramme, soit $11^l,16$ mesurés à la température de 0° centigrade et à la pression de 76 centimètres de mercure.

Comme un ampère est le débit d'un coulomb par seconde, on voit que 1 gramme d'hydrogène sera produit par un courant de 1 ampère pendant $96.600^{sec} = \dfrac{96.600}{3.600} = 26^h\dfrac{5}{6}$

ou, ce qui revient au même, un courant de $26^{ampères}\dfrac{5}{6}$ pendant 1 heure.

b) Si l'on fait passer cette quantité d'électricité $\left(96.600 \text{ coulombs}, - \text{ ou } 26^{ampères}\dfrac{5}{6} \text{ pendant 1 heure}, - \right.$

$\left. \text{ou 1 ampère pendant } 26^{heures}\dfrac{5}{6}\right)$ dans différents électro-lytes, dissolutions de chlorures de potassium, de sodium,

d'aluminium, d'azotate d'argent, de sulfate de cuivre, etc.,
les masses de métal libéré sont respectivement :

I	II	III
Hydrogène... 1^{gr}	Cuivre...... 31^{gr},5	Aluminium.. 9^{gr},07
Potassium ... 39^{gr}	Zinc........ 32^{gr},7	Or.......... 65^{gr},7
Sodium...... 23^{gr}	Mercure..... 100^{gr}	
Argent....... 108^{gr}	Fer......... 27^{gr},9	

La masse de chacun des corps de la colonne I déposée par
96.600 coulombs est *égale* au poids atomique de ces
corps([1]) ; or ceux-ci sont *monovalents*.

Cette masse est la *moitié* du poids atomique pour les
corps de la colonne II ; or ceux-ci sont *divalents*.

Elle est le *tiers* du poids atomique pour les corps de la
colonne III et ceux-ci sont *trivalents*.

Ces divers résultats sont résumés dans les lois quantitatives suivantes, qui ont été découvertes par Faraday :

1re *loi.* — *Lorsqu'un courant traverse un milieu électrolytique, la* masse *d'hydrogène libéré ou de métal déposé est*
proportionnelle à la quantité d'électricité *qui a traversé
l'électrolyte ; elle est par conséquent proportionnelle à l'intensité du courant.*

2e *loi.* — *Quand un même courant traverse plusieurs milieux électrolytiques, les* masses *d'hydrogène ou des divers
métaux libérés dans un* même temps *sont :*

a) Proportionnelles à leurs poids atomiques ;

b) Inversement proportionnelles à leur valence dans l'électrolyte.

110. Problème.

Pendant 53^{min} 40^{sec} *on fait passer successivement un courant*

([1]) Voir *Cours de Chimie,* 1re année (§ 51).

électrique dans deux cuves contenant l'une une dissolution d'azotate d'argent, l'autre une dissolution de sulfate de cuivre. Quelle était l'intensité du courant et la quantité de cuivre déposée sur la cathode de la deuxième cuve, sachant qu'il s'est déposé $5^{gr},4$ d'argent dans la première? On sait que les poids atomiques de l'argent et du cuivre sont respectivement 108 et 63.

SOLUTION. — 1° Pour déposer 108 grammes d'argent il faut :

$$96.600 \text{ coulombs};$$

pour déposer $5^{gr},4$ d'argent, il faudra

$$\frac{96.600^{\text{coulombs}} \times 5,4}{108} = 4.830 \text{ coulombs}.$$

Un courant d'un ampère débite :

$$1 \text{ coulomb à la seconde};$$

en $53^{\min} 40^{\sec}$ ou 3.220 secondes un courant d'un ampère débitera :

$$1^{\text{coulomb}} \times 3.220 = 3.220 \text{ coulombs}.$$

Par conséquent un débit de 4.830 coulombs sera fourni par un courant de :

$$\frac{1^{\text{ampère}} \times 4.830}{3.220} = 1^{\text{ampère}},5.$$

2° Pendant qu'il se dépose 108 grammes d'argent, il se dépose $\dfrac{63}{2} = 31^{gr},5$ de cuivre (§ 109).

Donc, pendant qu'il se dépose $5^{gr},4$ d'argent, il se déposera :

$$\frac{31^{gr},5 \times 5,4}{108} = 1^{gr},075 \text{ de cuivre}.$$

111. Anode soluble. — Affinage des métaux.

Dans les expériences précédentes, nous avons supposé que les électrodes étaient inattaquables par les produits de l'électrolyse ; ainsi, dans l'expérience relatée au paragraphe 107 (*fig.* 54), l'anode était une lame de platine. Mais remplaçons-la par une lame de cuivre (*fig.* 56). Le cuivre se dépose toujours sur la cathode, tandis que l'acide sulfurique qui s'est porté sur l'électrode d'entrée (l'anode en cuivre) l'attaque et réforme du sulfate de cuivre.

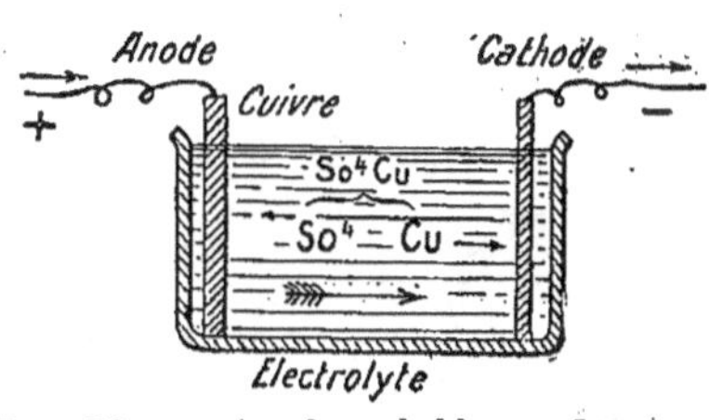

FIG. 56. — *Anode soluble.* — Le courant décompose le sulfate de cuivre ; le cuivre se dépose sur l'électrode de sortie, tandis que SO^4 se porte sur l'électrode d'entrée pour reformer du sulfate de cuivre.

Ainsi, d'une part, il y a dépôt de cuivre sur l'électrode négative (cathode), ce qui correspond à une décomposition de sulfate de cuivre ; de l'autre, il y a dissolution du métal de l'électrode positive (anode), ce qui donne lieu à une formation de sulfate de cuivre. Tout se passe donc comme si le cuivre de l'anode était transporté sur la cathode par le courant à travers l'électrolyte.

Ce phénomène est général ; il se produit tout aussi bien avec une dissolution convenable d'un sel d'argent, d'or, de nickel, etc., l'anode étant constituée par le même métal que celui du sel. On en a fait de nombreuses et importantes applications industrielles : affinage des métaux ; galvanoplastie ; dorure, argenture, nickelage ; électro-métallurgie, électro-chimie, etc.

L'expérience précédente donne un moyen pratique d'affiner un métal. Constituons l'anode par une masse de cuivre renfermant diverses impuretés : zinc, arsenic, phosphore, etc., et la cathode par un morceau de cuivre pur.

Seul le cuivre se déposera sur celle-ci ; les corps étrangers tomberont sous forme de boues au fond de la cuve.

C'est par ce procédé qu'on affine industriellement les cuivres bruts. On obtient ainsi un cuivre très pur, d'un usage précieux, surtout en électricité, à cause de sa grande conductibilité[1].

112. Galvanoplastie.

Dans l'expérience décrite au paragraphe précédent, remplaçons la cathode en platine par un moulage en gutta-percha d'un objet quelconque, une médaille, par exemple, et rendons la surface conductrice, en la métallisant à l'aide d'un pinceau garni de poudre de plombagine. Le cuivre se déposera lentement sur toute la surface du moule dont il reproduira tous les détails avec fidélité

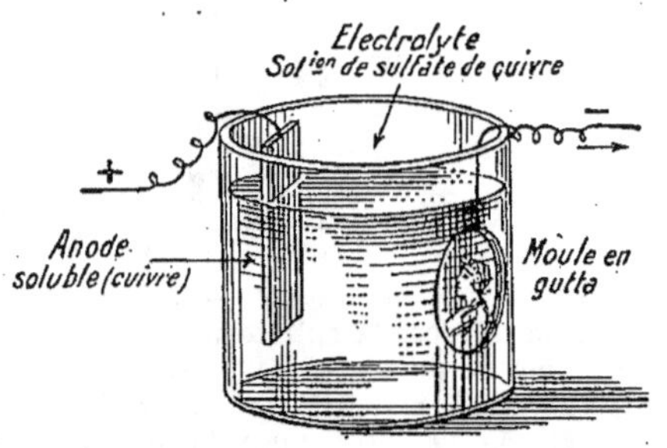

Fig. 57. — *Galvanoplastie.* — Le courant décompose la solution saline : le métal se dépose sur le moulage en gutta rendu conducteur dont il reproduit fidèlement tous les détails.

(*fig.* 57). Lorsque le dépôt aura acquis une certaine épaisseur, il suffira de le détacher du moule pour avoir une reproduction exacte de la médaille originale.

Pour donner à la pièce une plus grande résistance, on peut y couler intérieurement un alliage fusible ou simplement du plâtre.

Tel est le principe de la galvanoplastie dont les applications sont nombreuses : reproduction des planches de gravure sur bois ou sur cuivre, de statues, d'objets divers, etc.

---

[1] De faibles quantités de corps étrangers : arsenic, fer, étain, zinc, etc., augmentent beaucoup la résistance du cuivre.

113. Dorure, argenture, nickelage.

Au lieu de reproduire un objet métallique d'après un moulage, on peut simplement se proposer de lui donner un aspect différent en le revêtant d'une couche d'un autre métal.

Si on utilise comme cathode, par exemple, une cuiller de cuivre ou d'une composition métallique, plongée dans une dissolution de cyanure d'argent, sous l'action du courant cette cuiller se recouvre d'une mince couche d'argent. C'est ainsi que sont fabriqués les couverts argentés (Ruolz ou Christofle).

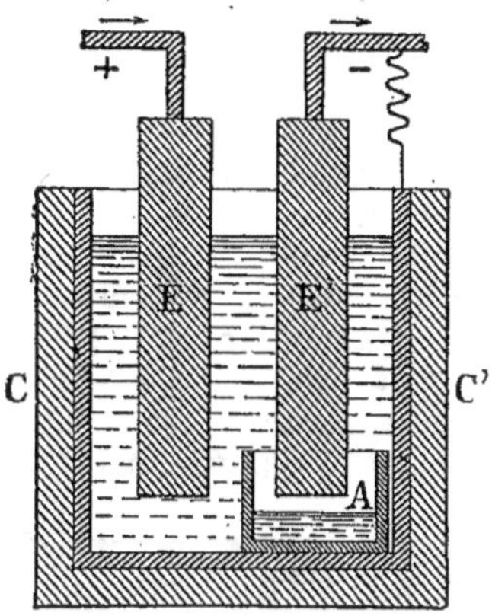

La dorure, le nickelage, le cuivrage des objets métalliques se font de la même manière ; il suffit de constituer le bain électrolytique par une dissolution appropriée d'un sel d'or, de nickel ou de cuivre.

Ces opérations comportent diverses manipulations dont la description se trouve développée dans des ouvrages spéciaux.

Fig. 58. — *Fabrication de l'aluminium par l'électrolyse.* — CC', cuve contenant la cryolithe en fusion ; E, électrode positive ; E', électrode négative. L'aluminium produit à l'électrode négative est recueilli dans le vase A. Le fluor produit à l'électrode positive est retenu par de l'alumine qu'on ajoute au bain

114. Électro-métallurgie et électro-chimie.

Grâce à l'électrolyse on prépare actuellement en grandes quantités l'aluminium et ses divers alliages[1] (*fig.* 58). Il en est de même pour le magnésium, le calcium et les alliages spéciaux de ferro-chrome, ferro-silicium, etc., dont

(1) Voir *Cours de Chimie*, 2e année (§ 115)

les qualités particulières de dureté les font rechercher dans l'industrie.

Les phénomènes d'électrolyse ont entièrement renouvelé la fabrication d'un certain nombre de produits chimiques ; c'est ainsi qu'on transforme le chlorure de potassium en chlorate de potassium, le chlorure de sodium en hypochlorite ([1]), divers sels de manganèse en permanganate de potassium, etc.

115. Expériences. — Faire l'électrolyse de l'eau (*fig.* 55) en employant de l'eau acidulée à 30 o/o ; avec un courant de 2 à 3 ampères sous une force électromotrice de 15 à 18 volts, le dégagement d'hydrogène sera assez rapide.

Electrolyser de même une solution de potasse ; on pourra employer des électrodes en fil de fer recuit.

Faire passer un courant successivement dans deux voltamètres, l'un à azotate d'argent (neutre) à 10 o/o, l'autre à sulfate de cuivre, légèrement acide ; intercaler un ampèremètre et un rhéostat (*fig.* 47), opérer pour le reste comme cela a été expliqué au paragraphe 91. Vérifier que le dépôt de métal est proportionnel au poids atomique et inversement proportionnel à la valence du métal.

Calculer le dépôt qu'effectuerait par minute un courant d'un ampère passant à travers une dissolution de sel de plomb, de fer, d'aluminium, etc.

Partager un courant produit par trois ou quatre éléments Bunsen en deux branchements de sections différentes dans lesquels on détermine successivement l'intensité à l'aide de l'ampèremètre. Intercaler dans chaque branchement un voltamètre à eau acidulée dont les éprouvettes auront été préalablement graduées en volumes et mettre l'ampèremètre sur le circuit principal pour contrôler la constance du courant. Vérifier que les dégagements gazeux sont proportionnels aux intensités du courant dans chaque branche.

Anode soluble. — Reprendre l'expérience (§ 111) et vérifier que l'augmentation de masse de l'une des lames de cuivre est égale à la perte subie par l'autre.

([1]) Voir *Cours de Chimie*, 1ʳᵉ année (§ 159).

Galvanoplastie. — Reproduire une médaille. Préparer le moule. On peut le faire de diverses manières.

1° *Alliage Darcet.* — L'alliage fondu est coulé dans une petite boîte en carton et, quand il est sur le point d'être figé, on laisse tomber sur sa surface la médaille sur laquelle on frappe un coup sec. On sépare ensuite par de légers chocs. Vernir le revers et les bords et frotter l'empreinte avec un peu d'essence de térébenthine pour faciliter la séparation ultérieure de l'épreuve. Suspendre le moule à la cathode par un fil de cuivre ; retirer au bout de un ou deux jours.

2° *Plâtre.* — On coule une pâte de plâtre à modeler sur l'objet préalablement huilé. Le moule une fois sec se détache facilement. On imperméabilise sa surface en le trempant dans de la stéarine fondue, puis on la rend conductrice en la badigeonnant avec de la plombagine en poudre.

3° *Gutta-percha.* — Ramollir la gutta sous l'eau chaude, la pétrir, puis en former une boule lisse et sèche qu'on pose sur la médaille préalablement frottée avec un pinceau passé sur du *savon* pour faciliter la séparation ultérieure. Porter le tout dans un four *modérément* chaud. La gutta se ramollit, s'affaisse en chassant les bulles d'air et recouvre l'objet. On la presse avec les doigts mouillés et on laisse refroidir ; démouler avant durcissement complet. Métalliser le moule à la plombagine.

L'entourer d'un fil conducteur et vernir toutes les parties qui ne doivent pas être reproduites.

Au début le courant doit être d'environ **3** à **4** dixièmes d'ampère par décimètre carré de moule. Après un premier dépôt, augmenter l'intensité du courant sans dépasser **1** ampère. Employer des piles Daniell (§ 118). Autant que possible, opérer à une température d'environ **16°**.

Le dépôt de cuivre sera environ de $\frac{1}{3}$ millimètre par jour.

Pour démouler, on retire le tout, on lave abondamment, et on détache la pièce par de petits coups secs.

Si le moule est en gutta, on est souvent obligé de le ramollir *légèrement* en le plongeant quelques minutes dans de l'eau à *peine tiède*.

Laver l'épreuve, la sécher dans la sciure de bois, la consolider en y coulant du plâtre ou un alliage fusible (caractères d'imprimerie).

CHAPITRE XIII

PILES — ACCUMULATEURS

PLAN

Pile simple	Sa constitution	Elle se compose d'une lame de cuivre (*électrode positive*) et d'une lame de zinc (*électrode négative*) plongeant dans de l'eau acidulée au 1/20 par de l'acide sulfurique.
		Des fils soudés aux deux lames forment les pôles de la pile.
	Ses défauts	*Attaque du zinc en circuit ouvert* : Remède : amalgamation du zinc.
		Polarisation : Elle est due au dégagement de l'hydrogène autour de l'électrode positive.
Piles à dépolarisant	Dépolarisants	On oxyde l'hydrogène de la lame positive à l'aide d'une substance très oxydante (bichromate de potassium, acide azotique, bioxyde de manganèse).
	Piles à un seul liquide — *Pile Grenet*	L'électrode positive est une plaque de charbon de cornue. Le dépolarisant est du bichromate de potassium simplement dissous dans l'eau acidulée. Le zinc s'use en circuit ouvert.
	Piles à deux liquides	L'électrode positive est entourée d'un vase poreux empli de la substance oxydante.
	Pile Becquerel ou Daniell	L'électrode positive est une lame de cuivre. Le dépolarisant est une dissolution de sulfate de cuivre.
	Pile Bunsen	L'électrode positive est un prisme de charbon. Le dépolarisant est de l'acide azotique.
	Pile Leclanché	L'électrode positive est encore en charbon. Le dépolarisant est du bioxyde de manganèse.

Groupement ou couplage des éléments d'une pile	**I** En série	*Sa nature*	On relie le charbon d'un élément au zinc de l'élément suivant. Les pôles se trouvent respectivement au premier zinc et au dernier charbon.
		Résultat	Avec n éléments de force électromotrice e et de résistance intérieure r, on obtient l'équivalent d'une pile unique de force électromotrice ne et de résistance nr.
		Usage	Doit être employé lorsque la résistance intérieure est très faible par rapport à la résistance extérieure.
	II En surface	*Sa nature*	On relie tous les charbons à un fil unique ; on fait de même pour les zincs. Le fil des charbons et celui des zincs sont respectivement les pôles de la pile.
		Résultat	Avec n éléments de force électromotrice e et de résistance r, on obtient l'équivalent d'une pile unique de force électromotrice e et de résistance $\dfrac{r}{n}$.
		Usage	On doit l'employer lorsque la résistance intérieure d'un élément est grande par rapport à la résistance extérieure.
	III Mixte	*Sa nature*	C'est une combinaison des deux modes précédents : les éléments sont répartis en n groupes de p éléments réunis en série; ces n groupes sont ensuite associés en surface.
		Résultat	La force électromotrice de la pile est celle d'un groupe, soit pe ; la résistance totale est n fois plus petite que celle d'un groupe ou $\dfrac{pr}{n}$.
		Usage	On l'emploie lorsque la résistance intérieure est de même ordre que la résistance extérieure.
Accumulateurs		*Principe*	Ils sont fondés sur le phénomène de la polarisation.
		Phases du phénomène	1° Lors de la *charge*, l'énergie électrique est transformée en énergie chimique à l'état potentiel. 2° Dans la *décharge*, l'énergie chimique se transforme en énergie électrique *actuelle*.
		Usages	On les emploie principalement dans les usines qui fournissent la lumière.

116. Piles. — Polarisation.

Jusqu'ici nous avons considéré le courant électrique indépendamment de la source qui le fournit.

Nous allons maintenant porter notre attention sur les

piles et voir les conditions de leur bon fonctionnement.

La pile que nous avons établie précédemment (§ 67) offre plusieurs inconvénients graves que nous allons examiner.

En circuit ouvert l'acide continue à agir sur le zinc, en sorte que celui-ci s'use inutilement. On a pu y remédier en *amalgamant* le zinc, c'est-à-dire en le recouvrant d'une mince couche de mercure. Alors l'attaque du zinc n'a ordinairement plus lieu qu'en circuit fermé.

Lorsque la pile fonctionne, un autre phénomène plus nuisible se produit au sein du liquide et amène un prompt affaiblissement du courant : l'attaque du *zinc* par l'acide sulfurique met en liberté de l'hydrogène :

$$Zn + SO^4H^2 = SO^4Zn + 2H.$$

D'après les lois de l'électrolyse (§ 108), l'hydrogène suit le courant et vient se déposer sur la lame de cuivre qu'il recouvre d'une gaine gazeuse de plus en plus épaisse. Or les gaz étant mauvais conducteurs de l'électricité, cette gaine forme autour de l'électrode positive une couche isolante qui oppose une grande résistance au courant. Il en résulte, d'après la loi d'Ohm (§ 88), un affaiblissement dans l'intensité du courant.

On dit que la pile se polarise.

Pour enlever ces bulles à mesure qu'elles se forment, on a imaginé d'entourer l'électrode positive d'une substance très oxydante telle que l'acide azotique, le bichromate de potasse, etc.; l'hydrogène, au fur et à mesure de sa production, se combine à l'oxygène de cette substance pour former de l'eau. La pile est dite alors pile à dépolarisant.

A. — Piles a un seul liquide

117. — Lorsqu'on mélange le dépolarisant à l'eau acidulée, on a les piles à un seul liquide, pile-bouteille Grenet (*fig.* 59) (le dépolarisant est du bichromate de potassium).

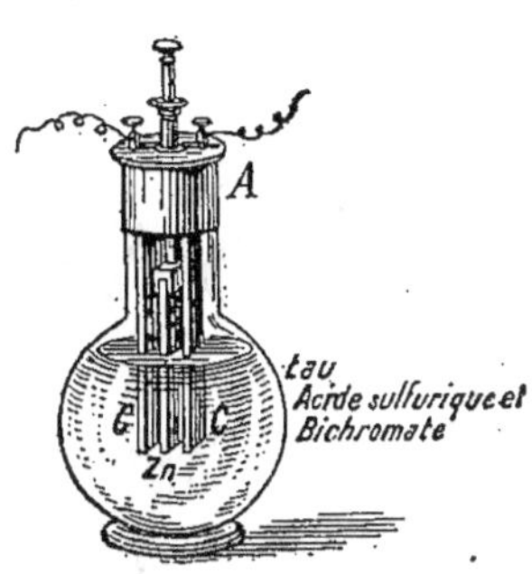

Fig. 59. — *Élément Grenet.* — Cette pile est à un seul liquide. Le dépolarisant est du bichromate de potasse dissous dans l'eau acidulée.

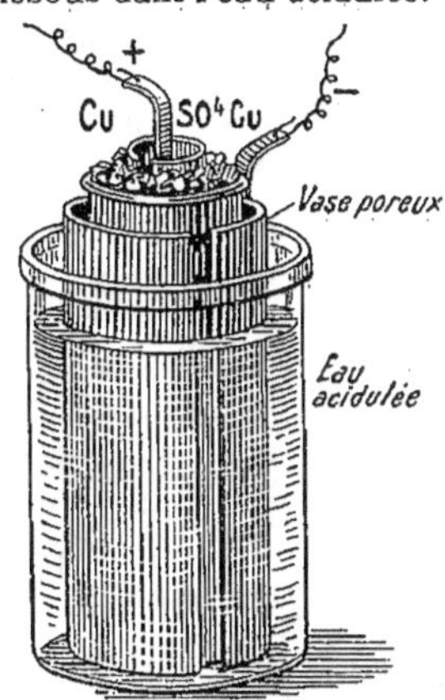

Fig. 60. — *Élément Daniell.* — Pile à deux liquides. Le dépolarisant est du sulfate de cuivre dissous à saturation dans le vase poreux où plonge l'électrode positive. L'hydrogène libéré par le courant déplace le cuivre du sulfate et reforme de l'acide sulfurique.

On peut encore isoler le dépolarisant autour de l'électrode positive en le plaçant dans un vase poreux qui laisse passer le gaz hydrogène, tout en diminuant beaucoup la diffusion du dépolarisant dans l'eau acidulée (l'électrode positive est une plaque de charbon de cornue).

Le premier moyen est le plus simple, mais il a l'inconvénient d'user les zincs, même amalgamés, en circuit ouvert; de plus, les piles ainsi construites sont coûteuses et peu constantes.

B. — Piles a deux liquides

118. — Les piles à deux liquides, pile Becquerel dite pile Daniell, pile Bunsen, sont plus constantes.

Pile Becquerel dite pile Daniell [1]. — Dans la pile Daniell (*fig.* 60), l'électrode positive est une lame de cuivre et le dépolarisant qui l'entoure est du sulfate de cuivre. Par suite de son action électrolytique, le courant décompose le sulfate de cuivre (§ 107).

[1] L'invention de la pile où le dépolarisant est du sulfate de cuivre, ordinairement attribuée à Daniell, est due en réalité à un physicien français, A.-C. Becquerel (Cf. *Revue scientifique*, 4 juin 1910).

Le cuivre se dépose sur l'électrode positive, le radical SO_4 s'unit à l'hydrogène qui se rend sur cette électrode et forme de l'acide sulfurique.

Cette décomposition du sulfate de cuivre entraîne l'affaiblissement de la dissolution; on y remédie en ajoutant des cristaux de sulfate de cuivre qui maintiennent le liquide au degré de concentration convenable.

La pile Daniell a une force électro-motrice de 1,08 volt; elle ne convient que pour produire des courants de faible intensité (1 à 2 ampères).

Pile Bunsen. — Dans la pile Bunsen (*fig.* 61), le dépolarisant est de l'acide azotique; l'électrode positive est for-mée par un prisme de charbon de cornue. Cette pile a une force élec-tromotrice de $1^v,9$ et peut fournir au début un courant de 5 à 6 ampères et même plus *suivant la dimension* des électrodes. Elle a l'inconvénient de dégager des vapeurs nitreuses dues à la réduction de l'acide

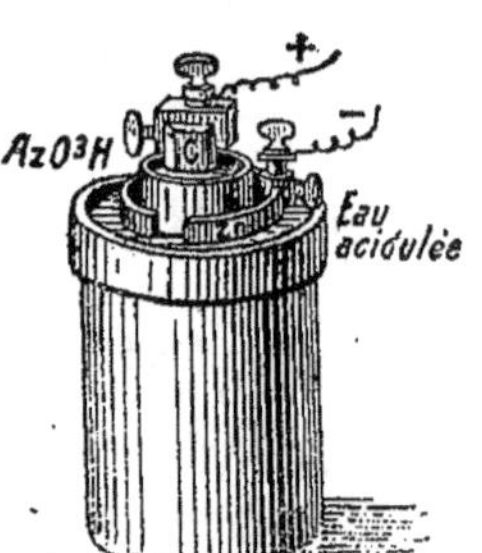

Fig. 61. — *Élément Bunsen.* — Le dépo-larisant est constitué par de l'acide azo-tique contenu dans le vase poreux cen-tral où plonge le char-bon (pôle positif). L'hydrogène, libéré par le courant, réduit l'acide azotique en donnant du peroxyde d'azote qui reste dis-sous.

azotique par l'hydro-gène, vapeurs pénibles à respirer.

Pile Leclanché. — Pour actionner les son-neries électriques, on emploie ordinairement des piles Leclanché (*fig.* 62); ce sont des piles où le dépolarisant

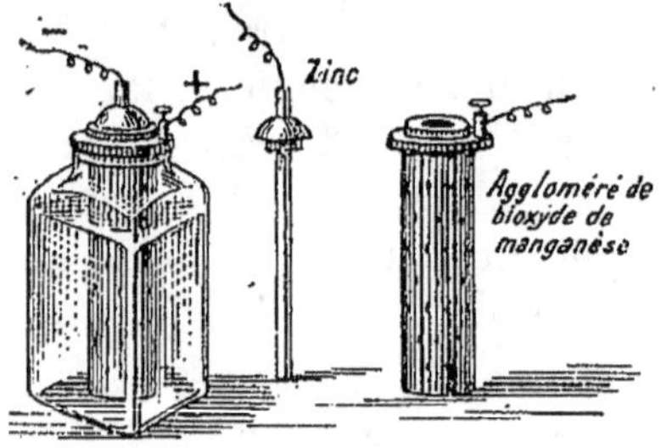

Fig. 62. — *Pile Leclanché.*

est solide et formé par du bioxyde de manganèse; le zinc est attaqué non plus par de l'acide sulfurique, mais par une dissolution de chlorure d'ammonium. La force électromotrice d'un élément Leclanché est environ 1ᵛ,45. Cette pile offre l'avantage de ne pas consommer en circuit ouvert;

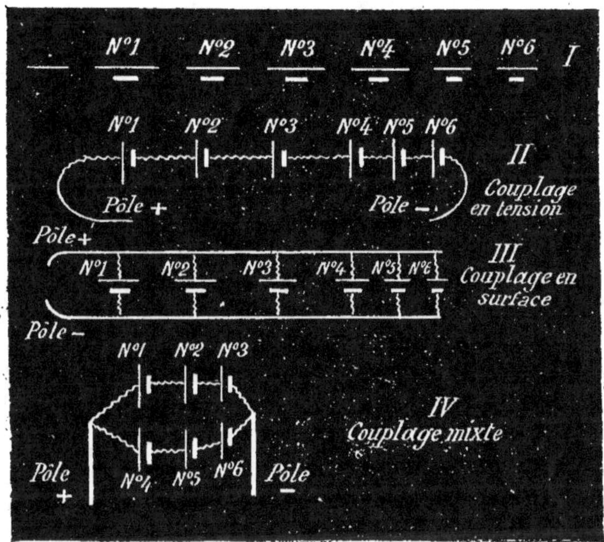

Fig. 63. — I. *Association de six éléments d'une pile.* — II. En *tension :* l'ensemble constitue une pile de force électromotrice 6E et de résistance 6r ; — III. En *surface :* l'ensemble constitue une pile de force électromotrice E et de résistance $\frac{r}{6}$; — IV. *Mixte :* les six éléments sont répartis en deux séries de trois éléments associés en tensions ; les séries sont réunies en surface. La pile obtenue a une force électromotrice de 3E et une résistance de $\frac{3r}{2}$.

aussi est-elle d'une très longue durée ; par contre l'action dépolarisante du bioxyde de manganèse se produit lentement, et la pile se polarise facilement pour un fonctionnement un peu prolongé, aussi n'est-elle guère employée que pour fournir des courants intermittents et de courte durée.

GROUPEMENT OU COUPLAGE DES ÉLÉMENTS DE PILES

119. Le courant produit par un élément de pile n'est pas très intense et ne circule pas sous une différence de potentiel élevée. C'est ainsi qu'il serait insuffisant pour porter à l'incandescence le filament d'une lampe.

Il est naturel de penser qu'en associant plusieurs éléments on pourra obtenir des effets plus puissants.

Or voici six éléments de pile Bunsen (*fig.* 63, I); nous pouvons les réunir de plusieurs manières :

1° Relier le charbon d'un élément au zinc de l'élément suivant (*fig.* 63, II). Les fils fixés au premier zinc et au dernier charbon sont alors les pôles de la pile. On dit que les éléments sont couplés en *série* ou en *tension;*

2° Réunir ensemble tous les charbons d'une part et tous les zincs de l'autre (*fig.* 63, III). Le fil de réunion des charbons et celui des zincs sont les pôles de la pile. On a alors le couplage en *surface* ou en *quantité;*

3° Associer en série les éléments **1, 2** et **3** pour former un groupe I, en faire de même pour les éléments **4, 5** et **6**, puis coupler ces deux groupes en surface en réunissant, d'une part les charbons des groupes **I** et **II**, et les zincs d'autre part (*fig.* 63, IV).

Le fil de jonction des charbons forme alors le pôle positif de la pile; celui des zincs, le pôle négatif.

Ce mode de groupement, qui est une combinaison des deux précédents, est dit couplage *mixte.*

120. Couplage en série.

Réunissons successivement en série 2, 3, 4, ... éléments Bunsen, et mesurons chaque fois, à l'aide d'un voltmètre (§ 87), la force électromotrice de la pile obtenue, nous trouvons les résultats suivants.

NOMBRE D'ÉLÉMENTS	FORCE ÉLECTROMOTRICE
1	$1^v,9 = 1^v,9 \times 1$
2	$3^v,8 = 1^v,9 \times 2$
3	$5^v,7 = 1^v,9 \times 3$
4	$7^v,6 = 1^v,9 \times 4$
. . .	. . . .

CONCLUSION. — Dans le couplage en série, la force électromotrice de la pile est égale à la somme des forces électromotrices de ses éléments.

Pour expliquer ce phénomène, considérons les deux premiers éléments; nous pouvons les représenter comme suit :

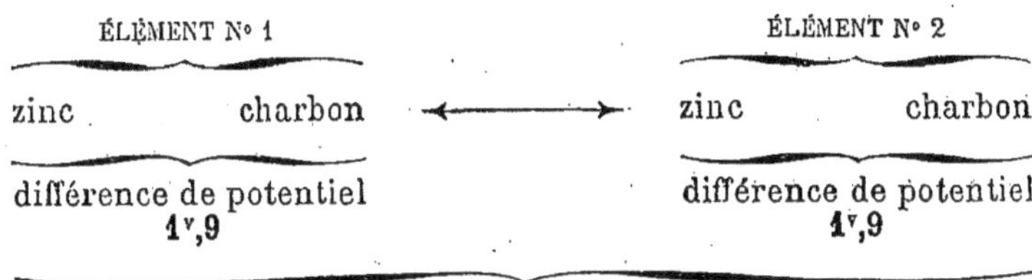

Le charbon nº 2 étant *à la fois* à un potentiel de $1^{volt},9$ au-dessus du zinc nº 2 et à un potentiel de $3^{volts},8$ au-dessus du zinc nº 1, il faut nécessairement que le zinc nº 2 soit au même potentiel que le charbon 1 auquel il est réuni.

Donc le charbon d'un élément est toujours à un potentiel de $1^{volt},9$ au-dessus du charbon de l'élément précédent; c'est pourquoi les forces électromotrices vont en s'ajoutant.

Il en est de même des résistances intérieures, car le courant les éprouve toutes, puisqu'il traverse successivement tous les éléments.

En résumé, on peut dire *qu'en associant plusieurs éléments en série, on obtient l'équivalent d'une seule pile, ayant une force électromotrice et une résistance intérieure égales à la* **somme** *des forces électromotrices et des résistances intérieures de chacun d'eux.*

EXEMPLE. — Quatre éléments Bunsen de $1^{volt},9$ et $0^{ohm},11$ associés en *série* équivalent à une pile unique ayant $1^{volt},9 \times 4 = 7^{volts},6$ comme force électromotrice et $0^{ohm},11 \times 4 = 0^{ohm},44$ comme résistance intérieure.

121. Couplage en surface.

Associons nos quatre éléments en surface et mesurons au voltmètre la force électromotrice de la pile ainsi obtenue. Nous trouvons qu'elle est égale, cette fois, à $1^{volt},9$.

Ce phénomène est facile à comprendre : la différence de potentiel entre le charbon et le zinc d'un élément est $1^{volt},9$, or tous les charbons étant réunis sont au potentiel d'un seul; il en est de même pour les zincs ; donc la *force électromotrice de la pile est la* **même** *que celle d'un élément.*

En revanche, la résistance intérieure est quatre fois moindre. En effet, le courant se divisant pour passer dans les éléments traverse ainsi une **section** liquide quatre fois plus grande que la section offerte par un seul et *comme la résistance d'un conducteur est en raison inversé de sa section* (§ 249, 2°), on voit que le courant rencontre *dans l'ensemble* de ces éléments une résistance quatre fois plus petite que s'ils étaient associés en série.

En résumé, on peut dire qu'en associant **n** *éléments en surface, on obtient l'équivalent d'*une seule pile *dont la force électromotrice est celle d'un* élément, *mais dont la résistance intérieure est* **n** *fois plus* **petite.**

Exemple. — Cinq éléments Bunsen associés en surface équivalent à une pile de $1^{volt},9$, mais de résistance :

$$\frac{0^{ohm},11}{5} = 0^{ohm},022$$

122. Choix du couplage.

Appliquons la relation générale d'Ohm (§ 90) : $I^a = \dfrac{E^v}{(r + R)^o}$, à chacun des modes de couplage précédents et posons :

$$
\begin{aligned}
&\text{Force électromotrice d'un élément} = e^{volts} \\
&\text{Résistance intérieure} \quad\quad — \quad = r^{ohms} \\
&\text{Résistance extérieure} \quad\quad — \quad = R^{ohms} \\
&\text{Intensité du courant} \quad\quad — \quad = I^{amp}
\end{aligned}
$$

a) Dans le couplage en série, on a :

$$E = ne^{volts},$$
$$r = nr'^{ohms},$$

par suite :

$$I^{amp} = \frac{ne}{nr' + R}. \tag{1}$$

b) Pour le couplage en surface on a :

$$E = e^{volts},$$
$$r = \frac{r'}{n},$$

par suite :

$$I^{amp} = \frac{e}{\dfrac{r'}{n} + R} = \frac{ne}{r' + nR}. \qquad (2)$$

En comparant ces deux formules, on voit que le couplage en série [formule (1)] devra être employé lorsque la *résistance intérieure* des éléments *est très faible par rapport à la résistance extérieure*. Dans ce cas le produit nr' au dénominateur est négligeable et l'on a sensiblement :

$$I = \frac{ne}{R}.$$

Le couplage en surface devra être adopté lorsque la *résistance intérieure* d'un élément *est grande par rapport à la résistance extérieure*.

Dans ce cas, en effet, le produit nR au dénominateur est négligeable et l'on a sensiblement :

$$I = \frac{ne}{r'}.$$

123. Couplage mixte.

Lorsque la résistance intérieure d'un élément est du même ordre de grandeur que la résistance extérieure, on démontre que le *maximum d'effet utile* est obtenu quand ces deux résistances sont *égales*.

Dans ces conditions on dispose les éléments en n groupes égaux formés de p éléments réunis en série; puis on associe ces n groupes en surface (*fig.* 63, IV).

La force électromotrice E volts de la pile ainsi montée est celle d'un groupe; la résistance totale est la $n^{ième}$ partie de la résistance de ce groupe.

124. Problèmes.

I. — *On dispose de* 5 *éléments Bunsen, pour lesquels* $e = 1_v,9$, $r' = 0^{ohm},11$. *Comment les coupler pour que le courant ait la plus grande intensité possible si le conducteur a une résistance* $R = 11$ *ohms ?*

RÉPONSES. — La résistance extérieure étant 100 fois plus grande que la résistance intérieure d'un élément, le couplage en série s'impose :

Le calcul donne en effet :

a) Pour le couplage en série :

$$I = \frac{ne}{nr' + R}, \qquad \text{d'où} \qquad \frac{5 \times 1{,}9}{5 \times 0{,}11 + 11} = 0^{\text{amp}},822.$$

b) Pour le couplage en surface :

$$I = \frac{e}{\dfrac{r'}{n} + R}, \qquad \text{d'où} \qquad \frac{1{,}9}{\dfrac{0{,}11}{5} + 11} = 0^{\text{amp}},172.$$

II. — *Comment associer 4 éléments de pile pour lesquels* e $= 1^{\text{volt}},45$, r' $= 0^{\text{ohm}},4$ *si le conducteur a une résistance* R $= 0^{\text{ohm}},05$?

RÉPONSE. — La résistance intérieure d'un élément étant 2 fois plus grande que la résistance extérieure, le couplage en surface devra être adopté.

Le calcul donne en effet :

a) Pour le montage en surface :

$$I = \frac{e}{\dfrac{r'}{n} + R}, \qquad \text{d'où} \qquad \frac{1{,}45}{\dfrac{0{,}4}{4} + 0{,}05} = 9^{\text{amp}},66.$$

b) Pour le montage en série :

$$I = \frac{ne}{nr' + R}, \qquad \text{d'où} \qquad \frac{4 \times 1{,}45}{4 \times 0{,}4 + 0{,}05} = 3^{\text{amp}},51.$$

125. Accumulateurs.

Sur le trajet d'un conducteur parcouru par le courant d'une pile, intercalons un *galvanomètre* (§ 70) et une cuve **V** remplie d'eau acidulée où plongent des *électrodes en plomb* **A** et **B** (*fig.* 64), l'aiguille du galvanomètre subit une certaine déviation ; en même temps, par suite d'un phénomène d'électrolyse, l'eau de la cuve est décomposée en ses deux éléments : nous savons que l'hydrogène suit le courant (§ 108) et se porte sur l'électrode néga-tive **B**, tandis que l'oxygène se dirige sur l'électrode positive **A**, en un mot les électrodes se *polarisent* (§ 116). Mais, à la différence de ce qui a lieu d'ordinaire, aucune bulle

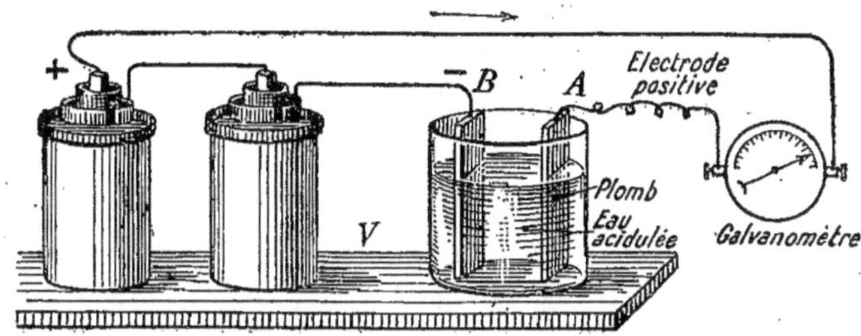

Fig. 64. — *Accumulateurs.* — En électrolysant l'eau acidulée à l'aide de deux électrodes en plomb, celles-ci se polarisent et il s'établit entre elles une différence de potentiel.

gazeuse n'apparaît d'abord sur les lames de plomb ; mais, après quelques heures, elles commencent à se dégager ; à ce

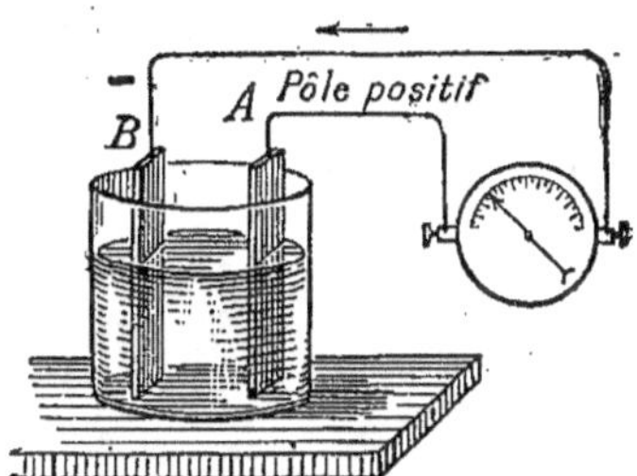

Fig. 65. — Si l'on réunit directement ces deux électrodes, un courant inverse du courant précédent parcourt le fil conducteur.

moment, enlevons la pile et remplaçons-la par un fil de cuivre (*fig.* 65) ; aussitôt l'aiguille du galvanomètre, au lieu de revenir au zéro, prend une déviation inverse de la précédente, indiquant par là que le fil est le siège d'un courant de sens inverse à celui de la pile. Lames de plomb et eau acidulée fonctionnent donc comme un élément de pile où l'électrode négative B joue le rôle de pôle négatif et l'électrode A celui de pôle positif. L'ensemble est appelé pile secondaire.

L'interprétation de ce fait a donné lieu à des travaux étendus et à des théories que nous ne pouvons résumer ici. D'une manière élémentaire, on peut se représenter le phénomène de la façon suivante :

Les deux lames de plomb sont toujours recouvertes d'une mince couche d'oxyde de plomb (PbO).

Lors du passage du courant à travers l'eau acidulée, l'hydrogène dégagé se porte sur l'électrode de sortie B. L'oxygène de l'oxyde PbO s'unit à l'hydrogène pour former de l'eau, tandis que le plomb recouvre la lame d'un dépôt pulvérulent gris noir.

En même temps l'oxygène provenant de la décomposition de l'eau acidulée se porte sur l'oxyde de plomb de la lame A et le suroxyde en formant du bioxyde de plomb PbO^2.

Ainsi, au bout de plusieurs heures, les deux lames de plomb ne sont plus identiques : le plomb pulvérulent de la lame B *se trouve à un potentiel inférieur à celui de la lame* A. Si donc on réunit ces deux électrodes, un courant, dit courant secondaire, s'établit à travers tout le système dirigé extérieurement de A vers B. En passant à l'intérieur du vase, ce courant décompose l'eau en hydrogène qui se porte sur la lame A et réduit le bioxyde de plomb à l'état de protoxyde :

$$PbO^2 + H^2 = PbO + H^2O,$$

tandis que l'oxygène se porte sur la lame B et oxyde le plomb pulvérulent :

$$Pb + O = PbO.$$

Le courant cesse lorsque les deux lames sont revenues à leur état primitif.

Si l'on considère le phénomène dans son ensemble on voit qu'il présente deux phases :

1° Transformation de l'énergie électrique en énergie chimique à l'*état potentiel;*

2° Transformation inverse de cette énergie chimique en énergie électrique.

En un mot, grâce à l'appareil que nous avons décrit, on peut *emmagasiner*, *accumuler* de l'énergie restituable à un certain moment d'où le nom d'accumulateur qui lui a été donné. Une fois déchargé l'accumulateur peut être rechargé pour fournir à nouveau de l'énergie électrique.

126. Usages des accumulateurs.

L'accumulateur précédent, dont l'invention est due à un savant français, Planté (1860), a reçu de nombreux perfectionnements que nous ne pouvons indiquer ici.

Ces appareils ont une faible résistance intérieure de quelques millièmes à quelques centièmes d'ohm, aussi ont-ils un rendement en énergie assez élevé : 75 0/0 environ.

Comme les piles, les accumulateurs peuvent être associés en série ou en surface.

Les accumulateurs présentent différents défauts dont le principal est leur poids considérable, surtout pour des éléments un peu grands. Aussi ne servent-ils pour actionner des machines motrices que dans certains cas (sous-marins, voitures électriques).

En revanche, ils sont d'un usage courant dans les installations électriques, en particulier dans celles qui fournissent la lumière. Une batterie d'accumulateurs associée à une machine dynamo (§ 150) augmente la fixité de la lumière, car elle se charge si le voltage augmente et fournit du courant si le voltage baisse. En outre, aux heures de grande consommation, elle vient en aide à la dynamo en fournissant de l'énergie électrique supplémentaire ; aux heures où la consommation est réduite, la batterie peut suffire à assurer l'éclairage, ce qui permet de modérer ou même d'arrêter la machine.

Nous n'entrerons pas dans le détail des opérations relatives à la décharge, à la recharge et à l'entretien des accumulateurs; on les trouvera décrites dans les ouvrages spéciaux.

127. Expériences. — Monter une pile simple et observer le phénomène de polarisation. Monter une *pile-bouteille Grenet*, avec le liquide excitateur suivant : dissoudre 100 grammes de bichromate de potassium pulvérisé dans 1 litre d'eau. Verser ensuite 300 grammes d'acide sulfurique ; agiter avec une baguette de verre. Après refroidissement, verser le liquide dans le vase de la pile. Ne *jamais* oublier de relever entièrement le zinc quand la pile ne fonctionne plus.

Pile Daniell.—Employer de l'eau acidulée au $\frac{1}{10}$. Cette pile est constante. Elle présente néanmoins plusieurs inconvénients : le sulfate de cuivre traverse à la longue le vase, se décompose au contact du zinc sous forme de boue ; il se produit à l'intérieur du vase poreux des dépôts de cuivre. On emploie de préférence la pile Médinger à liquide superposé. On la construira comme le montre la figure 65. Verser de l'eau acidulée à peu près jusqu'à moitié de la hauteur du vase, puis, à l'aide d'un tube à entonnoir, faire arriver *lentement* sur le fond une solution saturée de sulfate de cuivre, qui soulève peu à peu l'eau acidulée.

Poser ensuite le ballon à long col empli de cristaux de sulfate de cuivre pour maintenir le liquide du fond saturé.

La résistance intérieure est faible.

Pile Bunsen. — C'est une bonne pile ; elle fournit des courants intenses ; elle a l'inconvénient de s'affaiblir assez rapidement (au bout de 5 à 6 heures) ;

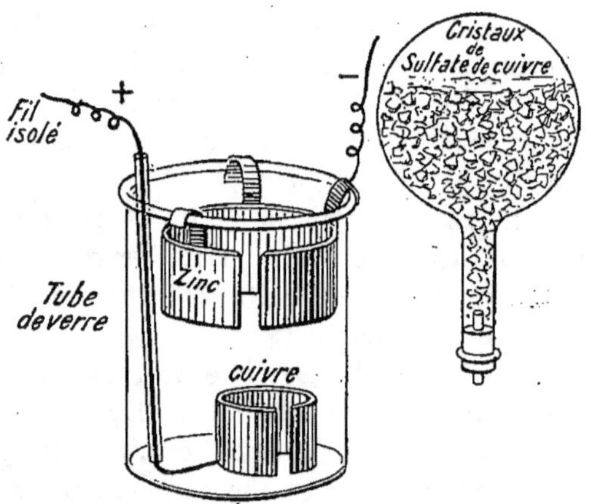

FIG. 66. — Montage d'une pile Médinger.

en outre, elle produit des vapeurs nitreuses un peu désagréables (pour cette raison, placer la pile dans un endroit aéré).

On remédie à ce dernier défaut en remplaçant l'acide azotique par du bichromate de potassium (ou de sodium, qui est meilleur marché : eau 750 grammes, bichromate de sodium 120 grammes, acide sulfurique 250 grammes). On emploiera, pour l'attaque du zinc, de l'eau acidulée au $\frac{1}{20}$ par un mélange à parties égales d'acide sulfurique et d'acide chlorhydrique. A signaler aussi la pile Radiguet, très pratique. — Monter une pile Leclanché.

Mesurer la force électromotrice d'un élément de pile Bunsen en circuit ouvert, puis en circuit fermé. Trouve-t-on une différence? Mesurer la force électromotrice de piles de différents modèles. Monter quatre ou six éléments de pile Bunsen ou au bichromate à deux liquides ; les associer en série, en surface, par couplage mixte. Mesurer dans chaque cas la force électromotrice de la pile et l'intensité du courant. Monter des éléments de différentes grandeurs d'une même sorte de pile, mesurer l'intensité du courant qu'ils fournissent, vérifier au voltmètre que leur force électromotrice est la même.

Montage des piles. — Se rappeler que les contacts, les raccords, les vis doivent être très propres et avivés à la lime ou à l'émeri; toute couche d'oxyde augmente considérablement la résistance. A chaque montage les zincs seront amalgamés avec soin : pour cela on les décape à l'eau acidulée, on les brosse, puis on les tourne lentement dans une cuvette en bois demi-sphérique (ou, à défaut, une cuvette de photographie) contenant du mercure surmonté d'une couche de 1 centimètre d'eau acidulée.

Le zinc se recouvre de mercure à l'intérieur et à l'extérieur. On frottera avec une brosse les endroits où le mercure n'aurait pas pris. Retirer les zincs et les faire égoutter pendant quelques instants pour recueillir le mercure en excès. A chaque nouvel usage on retournera les zincs.

Démontage. — A moins d'un usage fréquent pendant une ou deux journées, une pile doit être démontée dès qu'elle a cessé de servir. Si le dépolarisant n'est pas épuisé, le conserver dans des bocaux. Jeter le liquide excitateur, laver les zincs et les vases à grande eau, laisser les charbons et les vases poreux tremper plusieurs jours.

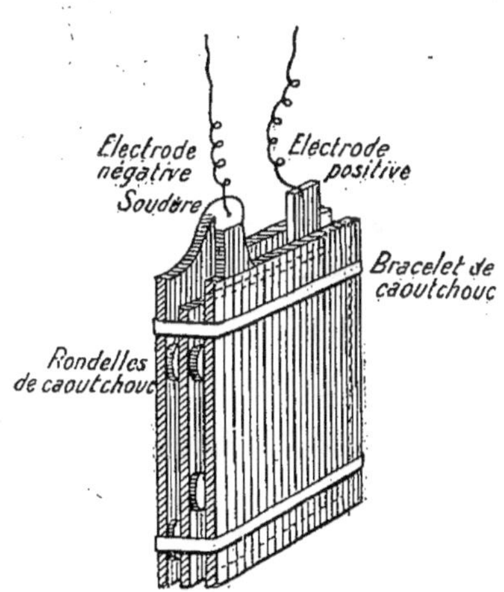

Fig. 67. — Assemblage des lames de plomb d'un accumulateur.

Rincer les cylindres de cuivre, les pinces, etc., les sécher dans la sciure de bois.

Toutes ces opérations, qui se font rapidement, sont *obligatoires*, si l'on veut conserver longtemps les piles en bon état.

Accumulateur. — Pour constituer un accumulateur, prendre trois lames de plomb prolongées à une extrémité par une languette de métal. Les faire séjourner un jour dans une solution à 10 o/o d'acide sulfurique et 4 à 6 o/o d'acide azotique. Laver les plaques pendant plusieurs heures dans une eau courante ou fréquemment renouvelée. Les monter ensuite comme l'indique la figure 67, et les disposer dans un vase de verre contenant de l'eau acidulée à 18 o/o en volume. Pour charger (voir *fig.* 73), employer deux ou trois éléments Bunsen associés en série en ne dépassant pas une intensité de 1 ampère (employer un rhéostat). Observer le changement de coloration des plaques. Décharger l'accumulateur à travers une résistance pour ne pas dépasser la valeur du courant de charge.

CHAPITRE XIV

ÉLECTROMAGNÉTISME

PLAN

Action du courant sur une aiguille aimantée

Expérience d'Œrstedt — Un courant passant dans un fil de cuivre disposé au-dessus d'une aiguille aimantée la fait dévier de sa position d'équilibre. La règle suivante indique le sens de la déviation.

Règle d'Ampère — Si l'on suppose un observateur couché le long du fil de manière que le courant lui entre par les pieds et lui sorte par la tête, le visage tourné vers le pôle N de l'aiguille, cet observateur voit le pôle nord de l'aiguille dévier vers sa gauche.

Multiplicateur — En enroulant plusieurs fois le fil conducteur autour de l'aiguille aimantée, on accroît l'action déviatrice du courant.

Applications

Galvanomètre — Cet instrument, fondé sur le phénomène précédent, permet de déceler le passage d'un courant dans un fil et de comparer les intensités de divers courants.

Système astatique — Il est formé par la réunion de deux aiguilles aimantées dont les pôles opposés sont en regard. Il sert à augmenter la sensibilité du galvanomètre.

Ampèremètre

Principe — On fait passer à travers un galvanomètre divers courants dont l'intensité est mesurée par la méthode électrolytique (dépôt d'argent). L'instrument est alors gradué en ampères. On l'intercale en circuit.

Ampèremètres industriels — L'action directrice de la Terre sur l'aiguille aimantée est remplacée par celle de deux forts aimants. Ces appareils sont robustes et donnent des indications immédiates.

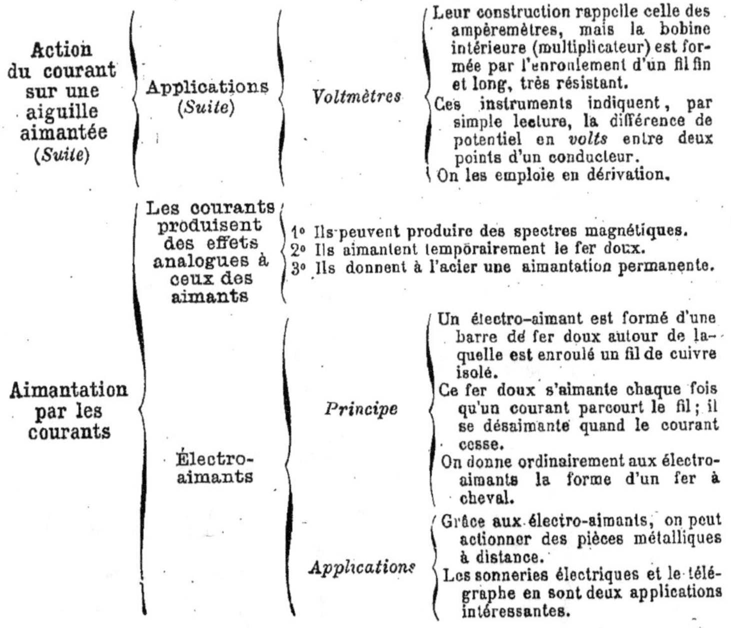

Action du courant sur une aiguille aimantée (Suite) — **Applications (Suite)** — **Voltmètres**
- Leur construction rappelle celle des ampèremètres, mais la bobine intérieure (multiplicateur) est formée par l'enroulement d'un fil fin et long, très résistant.
- Ces instruments indiquent, par simple lecture, la différence de potentiel en *volts* entre deux points d'un conducteur.
- On les emploie en dérivation.

Aimantation par les courants

Les courants produisent des effets analogues à ceux des aimants
- 1° Ils peuvent produire des spectres magnétiques.
- 2° Ils aimantent temporairement le fer doux.
- 3° Ils donnent à l'acier une aimantation permanente.

Électro-aimants

Principe
- Un électro-aimant est formé d'une barre de fer doux autour de laquelle est enroulé un fil de cuivre isolé.
- Ce fer doux s'aimante chaque fois qu'un courant parcourt le fil; il se désaimante quand le courant cesse.
- On donne ordinairement aux électro-aimants la forme d'un fer à cheval.

Applications
- Grâce aux électro-aimants, on peut actionner des pièces métalliques à distance.
- Les sonneries électriques et le télégraphe en sont deux applications intéressantes.

128. Action magnétique d'un courant, expérience d'Œrstedt.

Lorsqu'on fait passer un courant électrique dans un fil métallique disposé au-dessus d'une aiguille aimantée (*fig.* 68), on voit celle-ci se mettre en mouvement et s'orienter dans une direction qui dépend du sens du courant. C'est d'ailleurs par cette expérience que nous avons mis en évidence la production d'un courant électrique par une pile (§ 68).

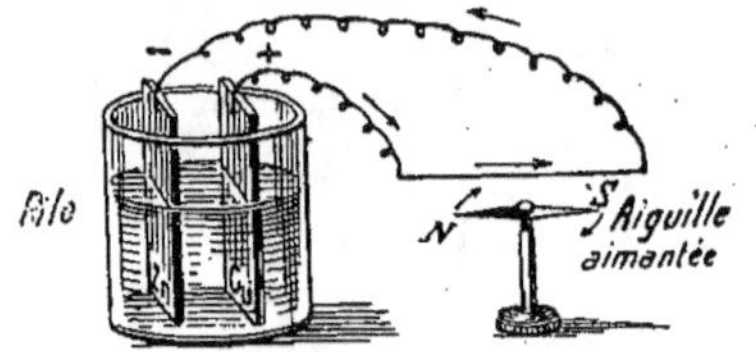

FIG. 68. — Action d'un courant sur une aiguille aimantée.

Ainsi, outre les effets calorifiques, lumineux, chimiques qu'un courant peut produire sur le trajet d'un conducteur (chapitres XI, XII), il met l'espace environnant ce conducteur dans un état spécial, tout comme le fait un aimant; on dit qu'il crée un *champ électro-magnétique* et les phénomènes qu'il produit sont appelés de même phénomènes électro-magnétiques.

129. Règle d'Ampère.

En établissant l'action d'un courant sur une aiguille aimantée, nous avons montré que, si l'on change le sens du courant, le sens de a déviation de l'aiguille aimantée change également (§ 68).

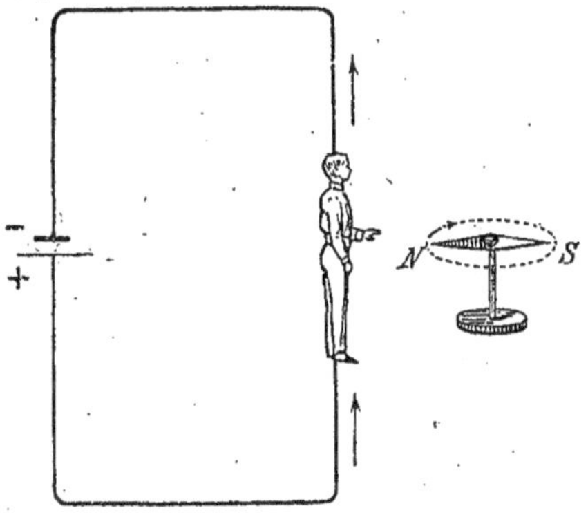

Un physicien français, Ampère, a énoncé une règle très simple établissant une relation entre le sens du courant et celui de la déviation de l'aiguille.

Il a supposé, à cet effet, un observateur couché le long du fil, de manière que le courant lui entre par les pieds et lui sorte

Fig. 69. — *Règle d'Ampère.* — Quand un conducteur parcouru par un courant est au voisinage d'une aiguille aimantée, celle-ci pivote vers la gauche du courant.

par la tête, le visage tourné vers le pôle N de l'aiguille. Dans ces conditions, cet observateur voit le pôle nord de l'aiguille invariablement dévier vers sa gauche (*fig.* 69).

Par application de cette règle *on appelle droite ou gauche du courant la droite ou la gauche de l'observateur d'Ampère* placé dans les conditions énoncées par la règle précédente.

Si le courant est de faible intensité, la déviation de l'ai-

guille est très petite, mais on peut la rendre plus grande
en recourbant le fil autour de l'aiguille (*fig.* 70).

Il est aisé de s'assurer, en appliquant la règle précédente, que l'observateur d'Am-
père, quelle que soit sa position
le long du fil, voit toujours le
pôle nord dévié vers sa gauche.
En d'autres termes, les actions
exercées par les quatre côtés
du courant s'ajoutent et la déviation de l'aiguille est un peu augmentée.

Continuons l'enroulement (¹) ;
les actions partielles des spires
vont en s'ajoutant, si bien qu'un
courant, trop faible pour agir sur
l'aiguille aimantée s'il parcourait
un fil rectiligne, peut, dans ces
conditions, produire une déviation
suffisante pour être observée; nous

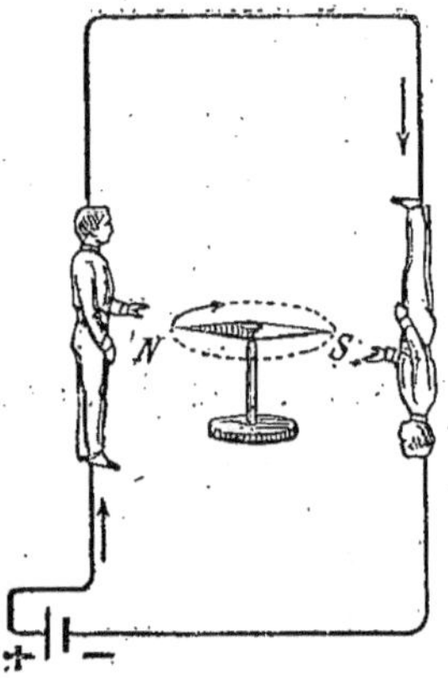

Fig. 70. — Lorsque le
conducteur entoure l'ai-
guille aimantée, l'action
déviatrice exercée par le
courant est plus grande.

avons ainsi multiplié les effets du courant et l'appareil est
nommé *multiplicateur*.

130. Galvanomètre.

A l'intérieur d'une bobine formée d'un fil de cuivre isolé
et enroulé plusieurs fois autour d'un cadre rectangulaire
en bois (*fig.* 71), disposons une aiguille aimantée suspendue à un fil de cocon et solidaire d'une aiguille extérieure
se déplaçant sur un cercle divisé en parties égales. L'appareil étant orienté de manière que l'aiguille aimantée soit
parallèle au cadre, lançons un courant dans le fil. Aussitôt
nous voyons l'aiguille indicatrice se déplacer sur le cadran

(¹) Il faut employer du fil isolé par de la soie, afin d'obliger le courant à le parcourir dans toute sa longueur.

et prendre, après un certain nombre d'oscillations, une position d'équilibre.

Augmentons ou *diminuons* la résistance du circuit; d'après la loi d'Ohm (§ 88), nous savons que l'intensité du courant varie en *sens contraire ;* en même temps nous voyons la déviation de l'aiguille *diminuer* ou *augmenter*, d'où nous

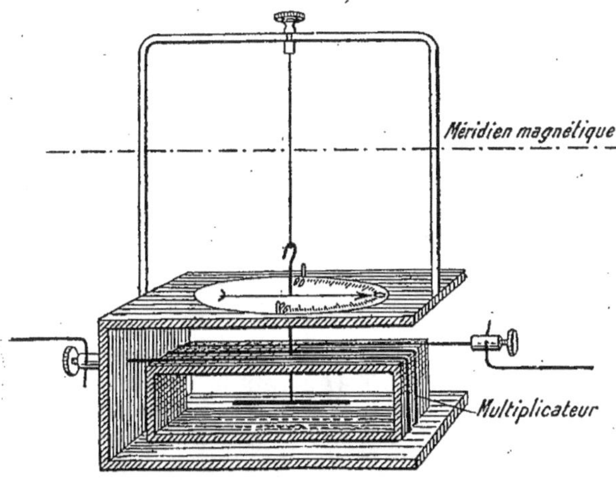

FIG. 71. — *Schéma d'un galvanomètre simple*. — Les déviations imprimées par le courant à l'aiguille aimantée, disposée à l'intérieur du multiplicateur, sont indiquées par celle d'une aiguille extérieure qui en est solidaire et se déplace sur un cadran divisé.

concluons que cette déviation varie avec l'intensité du courant ; on établit même que, pour de faibles amplitudes, elle lui est proportionnelle.

L'appareil ainsi établi est un **galvanomètre**; il permet de mesurer ou de comparer les intensités de plusieurs courants par la comparaison des déviations de l'aiguille aimantée.

131. Système astatique. — Galvanomètre de Nobili.

On augmente la sensibilité du galvanomètre en aimantant l'aiguille extérieure. On la dispose parallèlement à l'aiguille intérieure, de manière que les pôles de noms contraires soient en regard (système *astatique*) (*fig.* 72). Si l'aimantation des deux aiguilles était identique, l'action magnétique terrestre serait complètement annulée et le plus faible courant mettrait l'aiguille en croix avec la direction du fil conducteur; l'instrument n'aurait plus alors aucune valeur. L'une des aiguilles est donc un peu plus aimantée que l'autre ; la Terre exerce encore une légère action directrice qui augmente avec la déviation et finit par équilibrer celle du courant.

L'appareil précédent porte le nom de galvanomètre de Nobili.

Il existe d'autres galvanomètres plus exacts et plus sensibles avec lesquels on peut déceler des courants de un dix-millionième (1/10.000.000) d'ampère (galvanomètres de Thomson, de Deprez et d'Arsonval). Nous nous en tiendrons toutefois au Nobili qui est l'appareil le plus ordinairement en usage dans les écoles primaires supérieures.

132. Ampèremètre.

Lorsque les déviations de l'aiguille aimantée dépassent 15°, elles ne sont plus proportionnelles à l'intensité du courant; si donc on veut utiliser le galvanomètre comme instrument de mesure, il faut le graduer. Pour cela, on fait passer un courant à la fois dans l'appareil et dans une dissolution d'azotate d'argent. La quantité de métal déposée par seconde fait connaître en ampères l'intensité du courant (§ 78). La valeur trouvée est inscrite sur le cadran au point où s'arrête

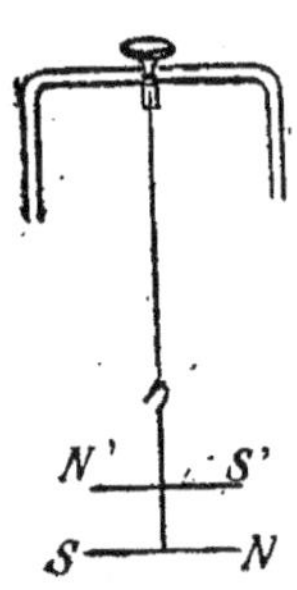

Fig. 72. — *Système astatique.* — Il est formé de deux aiguilles aimantées dont les pôles contraires sont en regard. L'action directrice de la terre sur ce système est affaiblie et l'aiguille **NS** est plus sensible à l'action déviatrice du courant. Si l'on aimante l'aiguille extérieure de la figure précédente, on a le galvanomètre astatique de Nobili.

l'aiguille. En faisant varier l'intensité du courant à l'aide de résistances différentes introduites dans le circuit on pourra établir une graduation soit en ampères, soit en $\frac{4}{10}$ ou en $\frac{1}{100}$, ... d'ampère. — L'appareil est alors un ampère-mètre.

Dès lors, pour mesurer l'intensité d'un courant, il suffit de le faire passer dans l'ampèremètre ainsi établi et de lire l'indication fournie par l'aiguille sur le cadran gradué.

133. Ampèremètres industriels.

Un ampèremètre, construit comme nous venons de l'expliquer, serait d'un maniement trop délicat et trop long pour être employé dans l'industrie, aussi a-t-on établi sur d'autres principes des instruments robustes donnant des indications immédiates et présentant l'avantage d'être indépendants du champ magnétique terrestre.

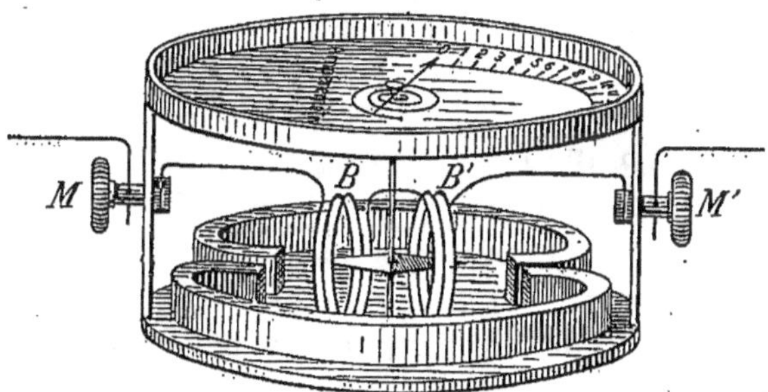

Fig. 73. — Vue perspective schématisée d'un ampèremètre industriel (Desprez et Carpentier).

Voici la description succincte d'un ampèremètre fort employé (amp. Desprez et Carpentier) (*fig*. 73). Un petit barreau de fer doux porté par un pivot qui le traverse perpendiculairement est aimanté par l'influence de deux aimants permanents en forme de C dont les pôles de même nom sont en regard. Sous l'action de leur champ magnétique

intense, le barreau aimanté se dirige suivant la ligne
N.-S. des deux aimants, quelle que soit la position de l'appareil car, dans ces conditions, l'action directrice de la terre
est pratiquement nulle.

Deux bobines **B** et **B′** fixées sur le fond de la boîte
entourent l'aiguille aimantée et sont en relation avec deux
bornes extérieures **M** et **M′** par où entre et sort le courant.
Un fil de cuivre gros et court, isolé par de la soie, entoure
successivement les bobines. Lorsque le courant circule
dans le fil, chaque bobine exerce une action déviatrice sur
l'aiguille aimantée, aussi l'enroulement du fil passant de
l'une sur l'autre est-il effectué de manière que ces actions
s'ajoutent.

L'axe de rotation de la tige aimantée est prolongé jusqu'à un cadran où il actionne une aiguille indicatrice,
mobile sur un cadran. L'instrument est gradué par comparaison avec un ampèremètre-étalon.

Nous avons indiqué précédemment (§ 79) qu'on se sert
de l'ampèremètre en le mettant en *série* sur le trajet du
courant (*fig.* 40).

134. Voltmètre.

Considérons deux points **A** et **B** d'un conducteur parcouru par un courant. Soient **E** la différence de potentiel
entre ces deux points, I l'intensité du courant, R la résistance de la portion AB, nous avons, d'après la loi d'Ohm :

$$E = IR.$$

A l'aide d'un fil de métal ayant une grande résistance
électrique, comme le maillechort, par exemple, *long* et *fin*,
établissons une dérivation entre A et B. Le courant va se
partager entre les deux tronçons en deux courants d'intensité inégale I′ et i, à la manière d'un courant d'eau à
travers deux branchements. Mais, si la résistance R′ du
fil de maillechort est 10.000 fois plus grande que R, par

contre l'intensité i de la portion du courant qui va le parcourir sera 10.000 fois plus petite que I et, comme I $= $ I$' + i$, l'on aura :

$$\mathrm{I}' = \frac{9999\,\mathrm{I}}{10000}.$$

L'intensité du courant principal qui traverse le conducteur entre A et B n'est donc pour ainsi dire pas modifiée et la différence de potentiel entre A et B peut être considérée comme n'ayant pas changé.

Dans ces conditions, la loi d'Ohm appliquée au fil de maillechort donne :

$$\mathrm{E} = i\mathrm{R}'.$$

La valeur de R$'$ étant constante, on voit que celle de E est proportionnelle à i.

Pour comparer les différences de potentiel entre divers points d'un conducteur, il suffira de les joindre par notre fil de maillechort, sur lequel nous intercalerons un ampèremètre A suffisamment sensible, et de comparer les valeurs respectives de i.

Si à une intensité i' correspond une différence de potentiel de 1 volt, à des intensités $2i'$, $3i'$, $4i'$, ..., $100i'$ correspondront des différences de potentiel de 2, 3, 4, ..., 100 volts.

Il suffira même d'écrire directement sur le cadran la graduation en volts en face des graduations i', $2i'$, $3i'$, ... pour transformer l'ampèremètre A en un instrument donnant, par simple lecture, les différences de potentiel.

Dans la pratique, on utilise le fil de maillechort long et fin pour constituer la bobine même de l'ampèremètre : l'appareil porte alors le nom de **voltmètre**.

On voit donc que les ampèremètres et les voltmètres ont même construction et ne diffèrent que par la nature de la bobine intérieure et aussi par le mode d'emploi déjà indiqué précédemment : un ampèremètre s'intercalant en *série* et un voltmètre en *dérivation* (*fig.* 74).

Les voltmètres et les ampèremètres sont d'un usage
constant et ont une utilité de premier ordre dans toute
exploitation électrique.

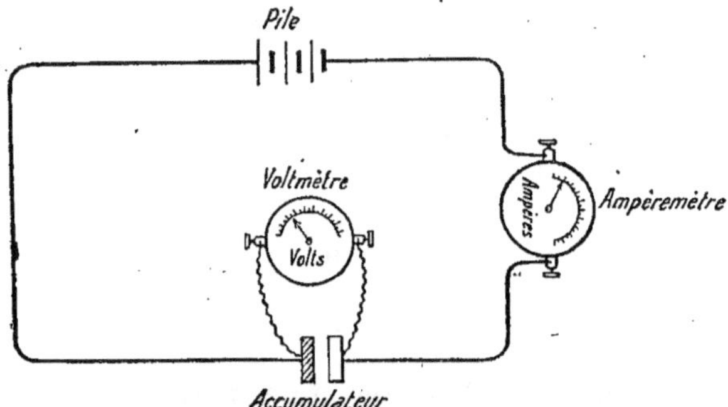

Fig. 74. — Emploi simultané d'un ampèremètre et d'un voltmètre. Le
premier se met sur le trajet du courant même (en série), le second
en dérivation.

Grâce à ces deux instruments, on peut mesurer par exemple
la résistance R d'un conducteur en mesurant la différence
de potentiel E entre ses extrémités et l'intensité I du courant qui le parcourt. On a en effet (§ 88) :

$$R^o = \frac{E^v}{I^a}.$$

On peut de même calculer l'énergie dépensée dans ce
conducteur [§ 93 et 97] :

$$T^{joules} = E^{volts} \times I^{ampères} \times t^{secondes}.$$
$$T^{joules} = R^o \times I^{2\,ampères} \times t^{secondes}.$$

135. Aimantation par les courants.

L'action d'un courant sur une aiguille aimantée nous a
montré une première analogie entre les effets électroma-
gnétiques et les effets magnétiques.

Nous allons voir cette analogie se poursuivre étroite-
ment dans d'autres phénomènes et conduire aux plus belles

et aux plus merveilleuses applications de l'électricité.

I. *Spectre magnétique produit par un courant.* — Saupoudrons de fine limaille de fer une mince planchette recouverte de papier blanc et traversée par un fil conducteur où circule un courant de plusieurs ampères (*fig.* 75), nous voyons la limaille s'orienter de manière à former autour du fil des circonférences qui rappellent le spectre magnétique donné par un aimant (§ 53).

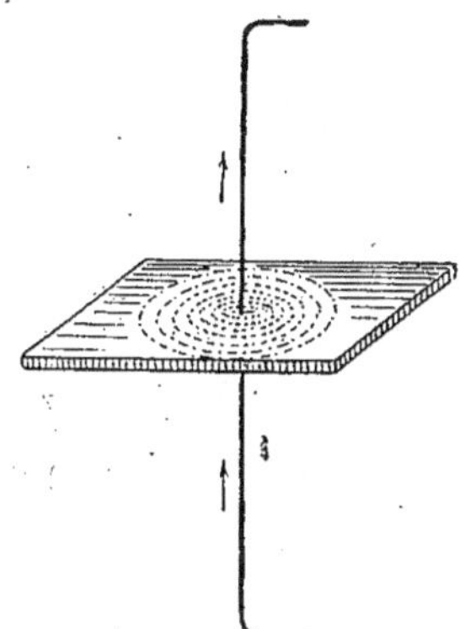

Fig. 75. — Spectre magnétique produit par un courant électrique (12 ampères environ).

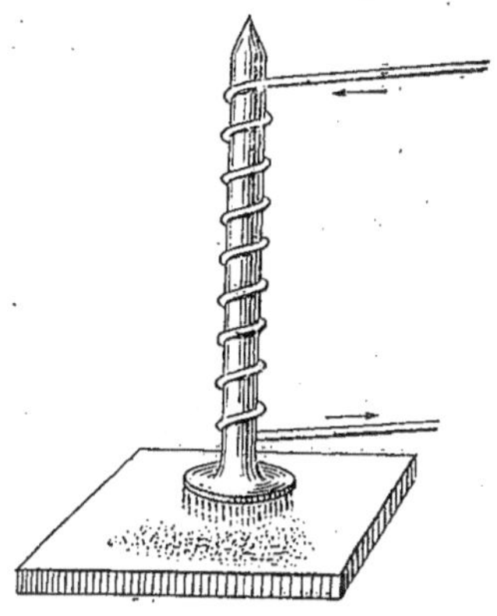

Fig. 76. — *Electro-aimant.* — Lorsqu'un courant parcourt le fil, le clou est capable d'attirer la limaille de fer. Cette propriété cesse avec le courant.

II. *Aimantation par influence.* — *a*) Entourons un long clou d'un fil de cuivre isolé. Lorsque le fil est parcouru par un courant, le clou devient capable d'attirer la limaille de fer, et l'aimantation cesse avec le courant (*fig.* 76).

Ce phénomène est tout à fait analogue à l'aimantation temporaire d'un barreau de fer doux sous l'influence d'un aimant (§ 54).

b) Remplaçons le barreau de fer doux par une tige d'acier, celle-ci reste aimantée après la cessation du courant.

D'une manière identique, l'aimantation d'une tige d'acier aimantée par influence persiste après l'éloignement de l'aimant.

Ces deux phénomènes de l'aimantation *permanente* de l'acier et de l'aimantation *temporaire* du fer doux ont reçu deux applications importantes. Le premier est utilisé pour la formation de presque tous les aimants actuellement en usage, le second a donné lieu aux *électro-aimants*.

136. Électro-aimant.

On appelle électro-aimant un appareil formé d'une barre de fer doux autour de laquelle est enroulé un fil de cuivre isolé. Ce fer doux s'aimante chaque fois qu'un courant parcourt le fil.

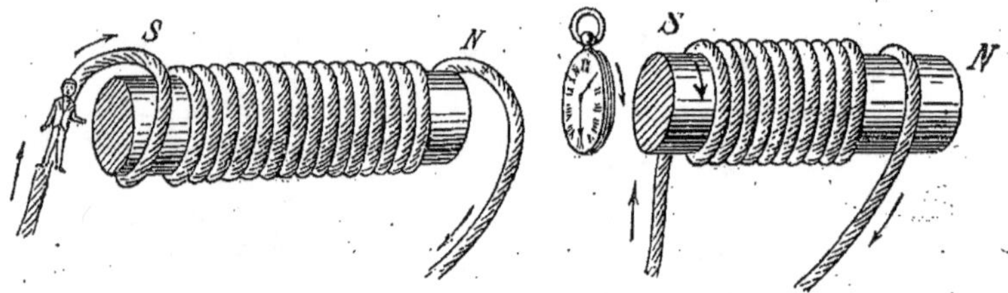

FIG. 77. — Détermination des pôles d'un électro-aimant par application de la règle d'Ampère.

FIG. 78. — Le pôle sud apparaît du côté où le courant circule dans le sens des aiguilles d'une montre.

L'expérience montre que la nature des pôles d'un électro-aimant change avec le sens du courant qui le produit. Mais le pôle nord *se trouve toujours à la gauche de l'observateur d'Ampère* (§ 129), *quand celui-ci a la figure tournée vers l'intérieur de la bobine* (*fig.* 77).

On peut encore déterminer la nature des pôles à l'aide de la règle suivante : *Le pôle sud apparaît du côté où le courant circule dans le sens des aiguilles d'une montre* (*fig.* 78).

Réciproquement, étant donnée la nature d'un pôle d'électro-aimant, cette règle permet de déterminer le sens de la marche du courant.

137. Différentes formes d'électro-aimants.

En enroulant un fil conducteur autour d'un noyau cylindrique, on a un électro-aimant rectiligne (*fig*. 76 et 79, I).

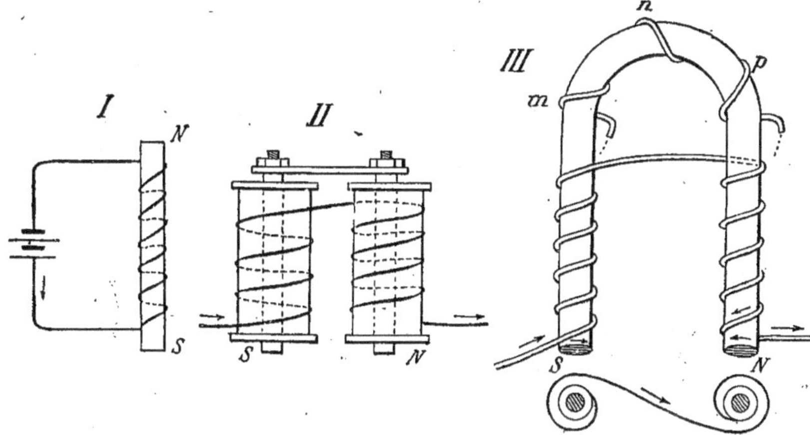

FIG. 79. — *Diverses formes d'électro-aimants.* — 1. Électro-aimant droit; sa force portante est faible; — II. Électro-aimant en trois pièces; — III. Électro-aimant en fer à cheval. Sa force portante est élevée. L'enroulement du fil eur les deux branches est le même que si l'on avait recourbé un electro-aimant droit; c'est pourquoi, vu en bout, il se présente en sens inversé dans les deux branches.

Un pareil aimant exerce une attraction qui paraît assez faible, aussi cette forme est-elle peu employée.

En recourbant un aimant rectiligne, on rapproche les deux pôles et l'on augmente ainsi l'effet d'attraction qui est plus que doublé : alors on a un électro-aimant en fer à cheval (*fig*. 79, III). Le sens de l'enroulement sur les deux branches doit être le même que si le bobinage du fil avait été fait avant la courbure de l'aimant. Dans ces conditions, on comprend aisément pourquoi, lorsqu'on regarde l'électro-aimant par les deux pôles, l'enroulement paraît en sens contraire sur les deux branches (*fig.* 79, III).

Le plus souvent on préfère constituer les deux branches par deux noyaux de fer doux réunis au moyen d'une lame des même nature. Ces noyaux portent les bobines sur lesquelles s'enroule successivement le fil conducteur (*fig.* 79, II).

138. Applications de l'électro-aimant.

La propriété qu'a le courant électrique d'aimanter temporairement le fer doux, fait de l'électro-aimant un appareil précieux pour faire mouvoir à distance des pièces métalliques; aussi est-il l'organe principal de la plupart des appareils électriques. Nous n'étudierons ici que deux des plus importantes de ses applications : la sonnerie électrique et le télégraphe Morse.

139. Sonnerie électrique.

Une sonnerie électrique se compose d'un électro-aimant

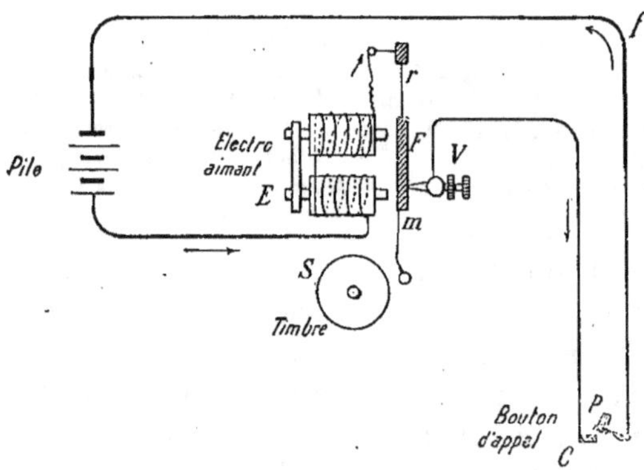

FIG. 80. — Vue d'ensemble schématisée de l'installation d'une sonnerie électrique.

en fer à cheval **E** (*fig.* 80), d'un trembleur en fer doux **F** et d'un timbre de sonnerie S. Une pile composée de plusieurs éléments Leclanché (§ 118) fournit le courant. Le fil conducteur est interrompu sur son parcours par un ressort de contact G. Il suffit d'appuyer sur un bouton de porcelaine p pour supprimer l'interruption et faire passer le courant dans le fil. En examinant la figure ci-contre, on voit qu'au moment où le circuit est fermé, le courant passe dans les bobines de l'électro-aimant, puis dans le ressort r du trembleur, la vis V et fait retour à la pile par le fil f. Mais à ce moment les noyaux de fer doux de l'électro-aimant s'aimantent et attirent la pièce de fer doux F, qui, dès lors, n'est plus au contact de la vis V. Le circuit est donc interrompu en ce point. Aussitôt, l'aimantation de l'électro-aimant cesse, la pièce F, sollicitée par le ressort r, revient s'appuyer contre la vis V. Alors le courant est rétabli et le phénomène précédent recommence.

La pièce F est donc alternativement attirée par l'électro-aimant et ramenée par le ressort; elle

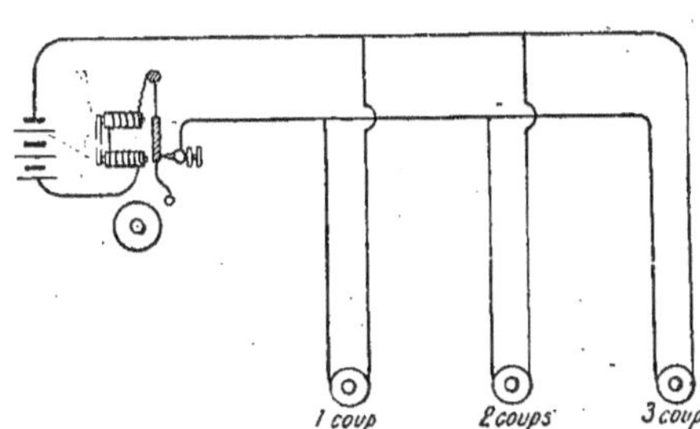

Fig. 81. — Installations pour actionner une sonnerie électrique de plusieurs endroits différents.

effectue ainsi, durant tout le temps où le bouton d'appel p est pressé, une série d'oscillations rapides, entraînant avec elle un petit marteau m qui met le timbre S en vibration.

La figure 81 montre le moyen d'actionner une même sonnerie de divers endroits d'une maison, le lieu d'appel étant indiqué, dans chaque cas, par un nombre conventionnel de coups.

140. Télégraphe Morse.

Dans le dispositif d'une sonnerie électrique, supprimons le passage du courant à travers le trembleur (*fig.* 82), remplaçons le timbre par une bobine de papier se déroulant régulièrement sous l'action d'un mouvement d'horlogerie, puis munissons l'ancien trembleur d'un stylet chargé

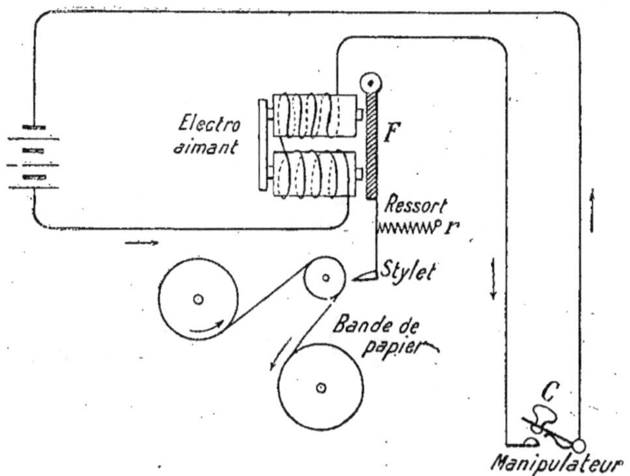

FIG. 82. — Figure schématique montrant comment on peut transformer une sonnerie électrique en appareil télégraphique.

d'encre. Nous aurons ainsi transformé notre sonnerie en un appareil permettant de transmettre des signaux à distance.

Une pression brève sur le contact C produira une attraction très courte de la pièce F par l'électro-aimant, et le stylet, ramené aussitôt à sa position primitive par le ressort r, aura marqué un point sur la bande de papier ; à une pression plus longue correspondra un trait.

On conçoit aisément que par des combinaisons variées de points et de traits on puisse établir un alphabet conventionnel et, par suite, tout un système d'écriture.

Tel èst le principe du télégraphe Morse. La figure 83 donne une représentation schématique de l'appareil.

L'inscription des signaux est faite par une molette d'acier *m*, qui roule sur un tampon d'encrage, **E**. Au passage du courant le stylet *st* soulève la bande de papier et l'applique contre la roulette. Celle-ci est mise en rotation par le

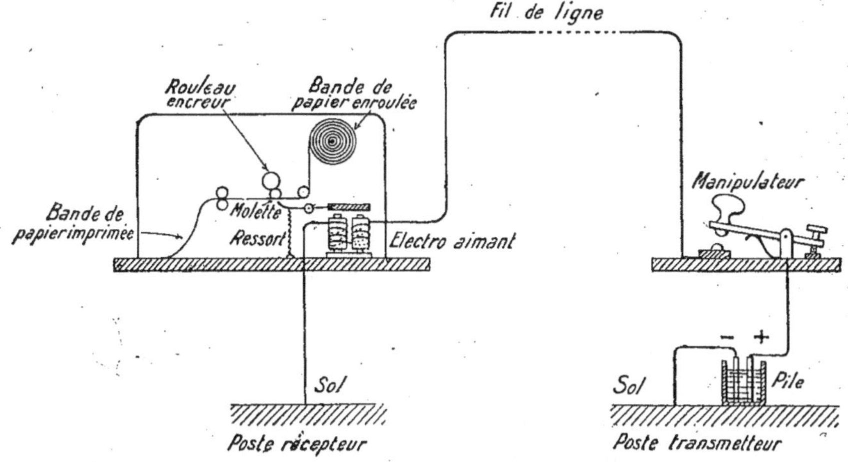

Fig. 83. — *Vue d'ensemble schématisée de l'installation d'un télé-graphe Morse.* — Quand, au poste transmetteur, on appuie sur le manipulateur, l'électro-aimant du poste récepteur attire la pièce **R** dont l'extrémité applique la bande de papier contre une molette chargée d'encre. Suivant la durée du courant, on produit ainsi des traits ou des points.

mouvement de la bande et laisse sur le papier un trait dont la longueur varie avec la durée du courant.

On réalise une économie notable en supprimant le fil de retour. Il suffit, en effet, de mettre en *communication avec le sol*, d'une part, le pôle négatif de la pile et, de l'autre, le fil de sortie de l'électro-aimant. Dans ce cas, c'est la terre qui joue le rôle de fil de retour.

La figure 84 présente les principaux signaux de l'alphabet Morse.

a · —	*o* — — —	; — · — · — ·
b — · · ·	*p* · — — ·	: — — — · · ·
c — · — ·	*q* — — · —	. · · · · · ·
d — · ·	*r* · — ·	1 · — — — —
e ·	*s* · · ·	2 · · — — —
f · · — ·	*t* —	3 · · · — —
g — — ·	*u* · · —	4 · · · · —
h · · · ·	*v* · · · —	5 · · · · ·
i · ·	*w* · — —	6 — · · · ·
j · — — —	*x* — · · —	7 — — · · ·
k — · —	*y* — · — —	8 — — — · ·
l · — · ·	*z* — — · ·	9 — — — — ·
m — —	, · — · — · —	0 — — — — —
n — ·		

Fig. 84. — *Alphabet Morse.*

Dans les postes importants, on emploie des appareils plus perfectionnés que le Morse (appareils Hughes, Baudot), qui impriment les télégrammes en lettres ordinaires et permettent des transmissions beaucoup plus rapides.

141. Expériences. — Monter une pile et reproduire l'expérience d'Œrstedt. Vérifier la règle d'Ampère en prenant successivement des fils de formes diverses : rectiligne, rectangulaire, circulaire, en hélice. Transformer une boussole en galvanomètre en enroulant plusieurs fois autour d'elle un fil de cuivre isolé ; n'y envoyer que de faibles courants (*fig.* 85). Vérifier qu'on peut obtenir des déviations de même amplitude en employant un petit nombre de tours d'un fil gros ou un grand nombre de tours d'un fil fin.

Construire une aiguille astatique. Observer et employer le galvanomètre de l'école, ainsi que l'ampèremètre (voir expériences, § 91).

Produire un spectre magnétique autour d'un fil parcouru par un courant. Pour réussir cette expérience, il faut disposer d'un courant assez intense, 10 à 12 ampères, et enrouler le fil sur un grand nombre de tours (*fig.* 85). Donner de petites secousses avec le doigt pour orienter les grains de limaille.

Construire des électro-aimants droits et en fer à cheval en enroulant autour d'un noyau de fer doux du fil fin, isolé, sur un grand nombre de tours.

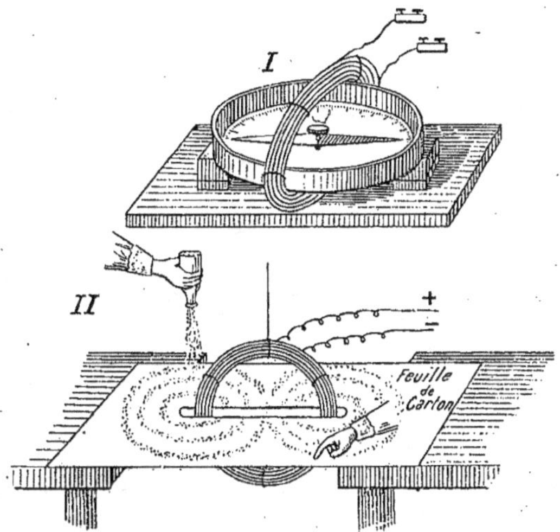

Fig. 85. — I. Transformation d'une boussole en galvanomètre; II. Spectre magnétique produit par un courant.

Monter trois piles Leclanché en série et faire fonctionner une sonnerie électrique. En changeant la connexion du fil suivant la figure 82, la transformer en appareil télégraphique.

Imaginer un dispositif pour tirer ou pousser un verrou à distance.

CHAPITRE XV

INDUCTION

ACTIONS RÉCIPROQUES DES AIMANTS ET DES COURANTS — TÉLÉPHONE

PLAN

Définition du phénomène de l'induction	C'est la production d'un courant dans un circuit fermé sous la simple influence du déplacement, dans le voisinage, d'un aimant ou d'un conducteur parcouru par un courant. L'aimant (ou le conducteur) forme l'*inducteur*, le circuit fermé constitue l'*induit*.
Induction par un aimant	Lorsqu'un aimant s'approche, puis s'éloigne d'un circuit fermé, le courant induit qui prend naissance est d'un certain sens, puis du sens opposé.
Induction par un courant	I. — Quand un courant inducteur s'approche ou s'éloigne d'un circuit fermé, le courant induit est de sens *contraire* (courant inverse) ou de *même* sens (courant direct) que le courant inducteur. II. — Un courant qui commence ou qui augmente d'intensité produit un courant *inverse*. III. — Un courant qui s'éloigne ou diminue produit un courant *direct*.
Self-induction	Lorsqu'un courant augmente ou diminue d'intensité, il produit dans son propre circuit un courant d'induction inverse ou direct qui l'affaiblit ou le renforce. Ce courant est dit courant de *self-induction* ou extra-courant.
Téléphone	Cet appareil, fondé sur les phénomènes d'induction par les aimants, permet de transmettre la parole à distance. Grâce au microphone de Hughes, on peut téléphoner à grande distance (téléphone à pile).

142. Phénomènes d'induction.

Au cours de notre étude sur les courants et les aimants, nous avons rencontré des analogies étroites entre l'électricité et le magnétisme; c'est ainsi qu'un courant et un aimant créent des spectres magnétiques, agissent à distance sur une aiguille aimantée, aimantent par influence une tige d'acier ou de fer doux.

Mais si un courant électrique produit des actions magnétiques, inversement un aimant ne pourrait-il créer un courant électrique? C'est à l'illustre physicien anglais Faraday ([1]) que revient la gloire d'avoir posé et résolu la question (1831).

EXPÉRIENCE FONDAMENTALE. — Dans une bobine de fil B

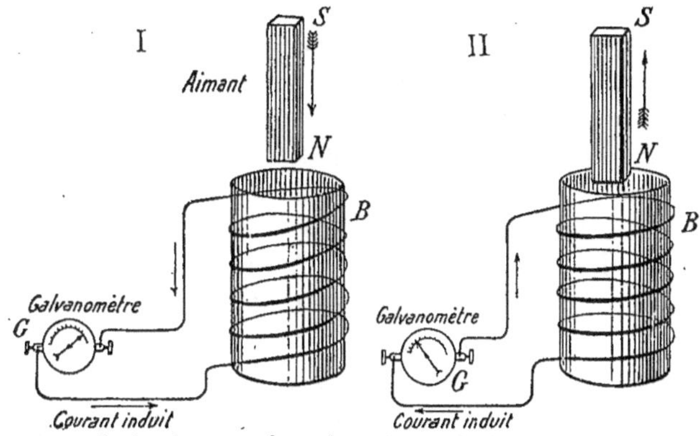

FIG. 86. — *Induction par les aimants.* — I. Quand on introduit un aimant à l'intérieur de la bobine B, un courant induit prend naissance et produit une déviation rapide de l'aiguille du galvanomètre. — II. Quand on retire l'aimant, c'est un courant induit de sens contraire qui apparaît.

reliée aux bornes d'un galvanomètre (*fig.* 86, I), introduisons vivement un barreau aimanté.

Nous voyons aussitôt l'aiguille du galvanomètre recevoir une impulsion dans un sens, puis rentrer au repos dès que nous cessons de déplacer l'aimant. Un courant a donc parcouru la bobine, bien que celle-ci ne fût reliée à *aucune source d'électricité.*

Retirons l'aimant (*fig.* 86, II); nous observons une déviation inverse de la précédente. La bobine a donc été parcourue par un courant en sens contraire du premier.

([1]) Faraday, physicien et chimiste anglais (1791-1867).

Ainsi le *déplacement d'un aimant au voisinage d'un circuit fermé produit l'apparition d'un courant dans ce circuit*. Ce courant est appelé *courant* **induit**; l'aimant est dit l'*inducteur;* le circuit constitue l'*induit*, et le phénomène lui-même est désigné sous le nom d'**induction**.

143. Induction par les courants.

A cause de l'analogie déjà signalée entre les actions à distance des courants et des aimants, il est à prévoir que les courants produiront, eux aussi, des courants d'induction; c'est ce que vérifie l'expérience.

I. — Remplaçons l'aimant A par une petite bobine *b* dont le fil est parcouru par le courant d'une pile **P**. Au moment où nous introduisons la bobine *b* dans la bobine **B** (*fig*. 87, I), nous voyons l'aiguille du galvanomètre **G** dévier puis revenir au zéro quand nous cessons le déplacement, *bien que le courant passe toujours dans la bobine inductrice*.

Retirons la bobine *b* (*fig*. 87, II), nous observons une nouvelle déviation de l'aiguille du galvanomètre, mais en *sens inverse* de la première (*fig*. 87, II).

Recommençons l'expérience, mais en déplaçant la bobine avec plus de rapidité, nous observons que les impulsions reçues par l'aiguille du galvanomètre sont plus fortes : le courant induit augmente donc d'intensité avec la rapidité du déplacement de l'inducteur.

Relions directement le galvanomètre **G** à la pile **P** (*fig*. 87, III), la déviation de l'aiguille est de *même sens* que la précédente.

Première conclusion. — *a) Quand un courant se déplace, il produit, dans un circuit fermé voisin, un courant d'induction dont la durée est celle du déplacement et dont l'intensité augmente avec la rapidité de ce déplacement.*

b) Si le courant inducteur s'approche ou s'éloigne, le courant induit est de sens contraire — **courant inverse** — *ou de même sens* — **courant direct** — *que le courant inducteur.*

II. — Introduisons la bobine *b* dans la bobine induite **B**, et lançons ou rompons alternativement le courant de la pile. L'observation du galvanomètre nous révèle que des

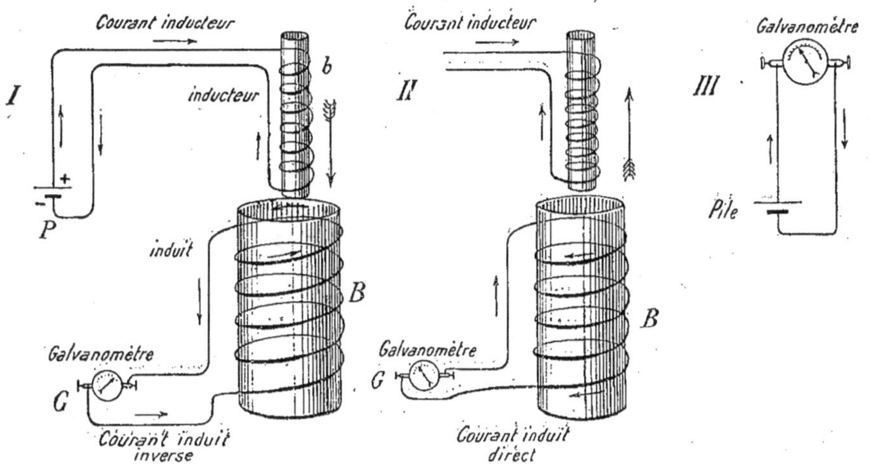

Fig. 87. — *Induction par les courants.* — I. Quand on introduit la bobine *b* dans la bobine **B**, il naît dans celle-ci un courant induit de sens inverse; — II. On retire la bobine *b*; c'est un courant induit direct qui apparaît; — III. Expérience justifiant les termes de courant inverse et courant direct employés.

courants induits, alternativement inverses et directs, naissent dans le fil.

Il en est de même si, en faisant varier des résistances, nous augmentons ou nous diminuons l'intensité du courant d'où les conclusions suivantes :

Deuxième conclusion. — *Un courant qui commence ou qui augmente d'intensité détermine dans un circuit conducteur voisin un courant induit* **inverse**.

Troisième conclusion. — *Un courant qui finit ou qui diminue d'intensité détermine au contraire dans ce circuit un courant induit* **direct**.

144. Induction d'un courant sur lui-même : self-induction.

Les phénomènes d'induction dont nous venons de parler se produisent non seulement dans un circuit fermé voisin d'un fil parcouru par un courant, mais encore dans ce fil lui-même *lorsque l'intensité du courant y* **varie.**

Ainsi, lorsqu'on lance un courant dans un conducteur, à mesure qu'il avance il détermine dans les parties suivantes un courant induit *inverse* qui retarde sa marche et diminue pour un moment son intensité.

Quand, au contraire, on rompt le courant, tout se passe comme si celui-ci rétrogradait ou s'éloignait de plus en plus. Il apparaît alors dans le fil un courant *induit direct* qui augmente notablement l'intensité du courant principal.

Cette induction d'un courant sur lui-même est désignée sous le nom de self-induction, et les courants induits inverses et directs sont appelés : *extra-courants de fermeture et de rupture*.

Les extra-courants sont plus appréciables dans les bobines, à cause de l'induction des spires les unes sur les autres. On augmente encore leur valeur en introduisant dans la bobine un noyau de fer doux.

Les phénomènes de self-induction jouent un rôle important en électricité ; nous aurons à en parler au sujet de la bobine de Ruhmkorff.

145. Téléphone.

Le téléphone, imaginé en 1876 par l'Américain Graham Bell, est un appareil permettant de transmettre la parole à distance et qui constitue une très ingénieuse application des phénomènes d'induction. Il comprend deux appareils identiques pouvant servir alternativement de transmetteur et de récepteur (*fig.* 88) et composés en principe de trois pièces : 1° un aimant A ; 2° une bobine B qui l'entoure ;

3° une mince plaque de fer doux **P** placée en regard de l'aimant.

Le fonctionnement de cet appareil a soulevé des questions nombreuses et délicates; nous nous en tiendrons à l'explication élémentaire suivante. Supposons deux personnes placées respectivement devant chaque appareil, l'une parle en **P**, l'autre écoute en **P'**. Les vibrations de l'air ébranlé par la voix de la première personne se transmet-

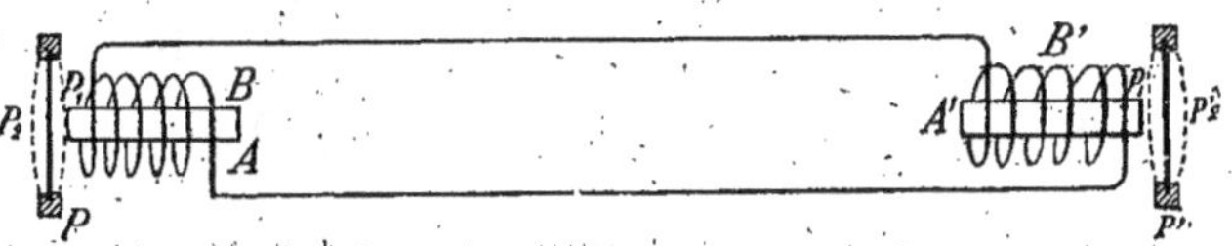

Fig. 88. — *Téléphone*. — Vue schématique d'une installation téléphonique simple. Quand on parle en P, les vibrations de la plaque font naître dans le fil des courants induits qui mettent la plaque P' dans le même état vibratoire. Les sons émis en P sont donc reproduits en P'.

tent à la plaque **P** qui effectue ainsi de part et d'autre de sa position d'équilibre des oscillations dont le nombre et l'amplitude varient avec la hauteur et l'intensité du son. La plaque **P** s'approche donc ou s'éloigne d'une manière très variée de l'aimant **A**, elle s'aimante par influence (§ 52).

Les mouvements de cette plaque aimantée déterminent *une variation du magnétisme de l'aimant voisin* **A**, variations qui produisent dans la bobine **B** l'apparition de courants induits alternatifs dont l'intensité, le nombre et l'alternance sont ainsi liés aux vibrations de la plaque **P**.

En traversant la bobine réceptrice **B'**, ces courants augmentent ou diminuent le magnétisme de l'aimant **A'** dont les variations déterminent des attractions plus ou moins fortes de la plaque **P'**. Lorsque la plaque **P** prend la position **P$_1$**, le magnétisme de **A** augmente, il en est de même pour l'aimant **A'**; alors la plaque **P'** prend la position **P$_1$**. Quand au contraire la plaque **P** se trouve en **P$_2$**, le magnétisme de **A** diminue; il en est de même pour **A'**, et la plaque **P'** prend alors la position P'_2. D'une manière générale, les mouvements de la plaque P' sont toujours en concordance avec ceux de la plaque P, en sorte que l'air ébranlé par elle vibre comme l'air en P et communique les mêmes sons à l'oreille de la personne qui écoute.

146. Téléphone à pile. Microphone.

Les vibrations de la plaque de fer du transmetteur ne peuvent induire que des courants très faibles $\left(\dfrac{1}{100.000} \text{ d'am-}\right.$

pères$\Big)$. Aussi le téléphone précédent ne peut-il être employé pour transmettre la parole à des distances supérieures à quelques centaines de mètres.

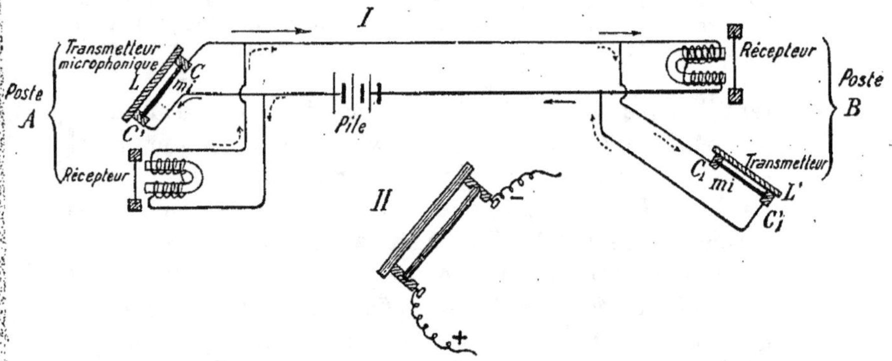

Fig. 89. — *Schéma d'une installation complète d'un téléphone à pile avec microphone.* — I. Les moindres vibrations de la planchette **L** font varier la résistance du microphone **mi** et par suite l'intensité du courant fourni par la pile; elles peuvent être ainsi perçues au téléphone; — II. Microphone.

Dans les téléphones actuels le courant est fourni par une pile et le transmetteur est constitué par un appareil particulier, le *microphone* (*fig.* 89, I), dû à un Américain, nommé Hughes. En principe, un microphone est formé par une baguette de charbon de cornue **mi**, taillée en pointes à ses

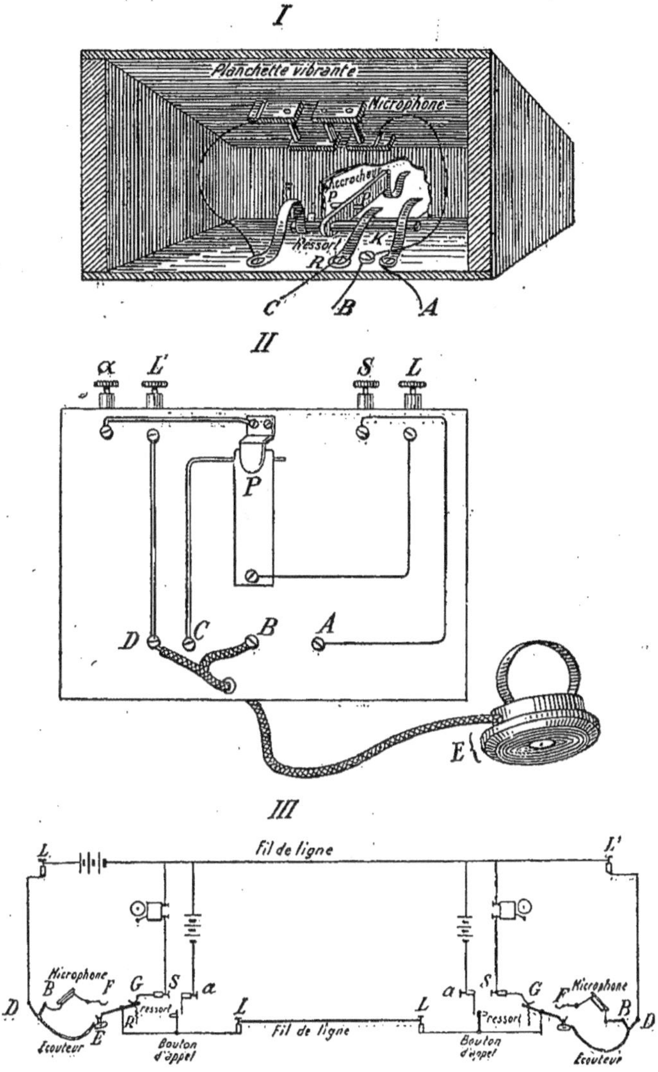

Fig. 90. — I. Mécanisme intérieur d'un transmetteur téléphonique (modèle des écoles); — II. Face postérieure montrant les connexions; — III. Vue schématique de l'installation complète d'un poste double.

extrémités (*fig.* 89, II) et maintenue assez librement entre deux supports en charbon *c*, *c'*, fixés à une lame vibrante en bois mince **L**.

Ces deux supports sont placés sur le trajet d'un courant fourni par une pile qui passe également dans la bobine de l'appareil récepteur.

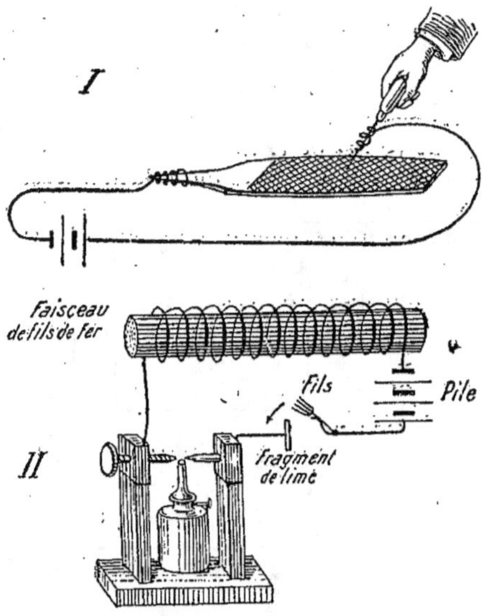

FIG. 94. — I. Effet de la self-induction ; — II. Allumoir électrique.

Au repos le charbon appuie très faiblement sur ses supports et ne présente avec eux que quelques points de contact, aussi offre-t-il une assez grande résistance et l'intensité du courant qui passe est-elle faible. Lorsqu'on parle devant la plaque **L**, les moindres vibrations de celle-ci se communiquent au charbon qui appuie plus ou moins sur ses supports en présentant des points de contact plus ou moins nombreux. Il en résulte des modifications dans la résistance du circuit et, par suite, dans l'intensité du courant dont les variations rapides influent sur le magnétisme de l'aimant du poste récepteur et ainsi sur la plaque vibrante placée en regard.

Les appareils de téléphonie moderne comportent d'autres perfectionnements, entre autres l'emploi de bobines d'induction (bobine de Ruhmkorff, § 158) qui ont pour objet d'augmenter considérablement la tension des courants et de leur permettre de vaincre les résistances sur des lignes dont la longueur atteint souvent des centaines de kilomètres.

147. Expériences. — Reproduire les expériences d'induction décrites plus haut (§ 142 et 143).

Self-induction. Mettre une lime en relation avec un fil négatif d'une pile de trois éléments Leclanché et promener sur cette lime un poinçon relié au pôle positif (*fig.* 91, I). Qu'observe-t-on à chaque ressaut de la pointe? — Constituer un allumoir fondé sur la self-induction (*fig.* 91, II).

Examiner et faire fonctionner le téléphone de l'école, suivant les indications de la figure 90, III. Le ressort **R** est toujours en contact avec la pièce **K** de l'accrocheur, en sorte qu'il est mis en relation avec le ressort **G** ou le ressort **F**, selon que l'accrocheur, basculant autour des pivots **P**, est abaissé par le poids de l'écouteur ou au contraire relevé quand celui-ci est enlevé.

CHAPITRE XVI

INDUCTION

(SUITE)

MACHINE DE GRAMME. TRANSPORT DE L'ÉNERGIE A DISTANCE

PLAN

Machine de Gramme
: Elle est fondée sur la production d'un courant induit dans un circuit qui s'éloigne ou s'approche d'un aimant (ou d'un électro-aimant).
: La machine Gramme permet de réaliser aisément la transformation de l'énergie mécanique en énergie électrique et inversement (réversibilité).

Transport de l'énergie à distance
: La possibilité de transformer un courant de forte intensité et de bas voltage en un courant de faible intensité, mais de haut voltage et inversement, a permis la transmission pratique et économique de l'énergie électrique à distance.

148. Transformation de l'énergie mécanique en énergie électrique.

La production du courant électrique par les piles est bien trop coûteuse (¹) Nous allons voir comment les phénomènes d'induction ont permis d'établir des machines transformant l'énergie mécanique en énergie électrique dans des conditions suffisamment économiques pour que les effets du courant électrique aient pu recevoir de nombreuses applications industrielles.

Le développement de l'industrie électrique qui, d'année en année, prend un essor toujours plus grand, date du jour où, grâce à la machine de Gramme, l'on put aisément transformer l'énergie mécanique en énergie électrique.

(¹) C'est ainsi que le coût de l'éclairage donné par une lampe de 16 bougies revient environ à 0 fr. 40 l'heure et que le prix du cheval-heure électrique fourni par les piles coûte de 2 à 3 francs, tandis qu'avec la machine à vapeur il ne dépasse pas 0 fr. 10.

149. Machine de Gramme.

La machine de Gramme est fondée sur les phénomènes
d'induction. Elle comprend, comme parties essentielles
(*fig.* 92), un anneau de fer doux tournant entre les deux
pôles d'un aimant ou d'un électro-aimant. Cet anneau sert
de noyau à un nombre pair de bobines formées d'un fil de

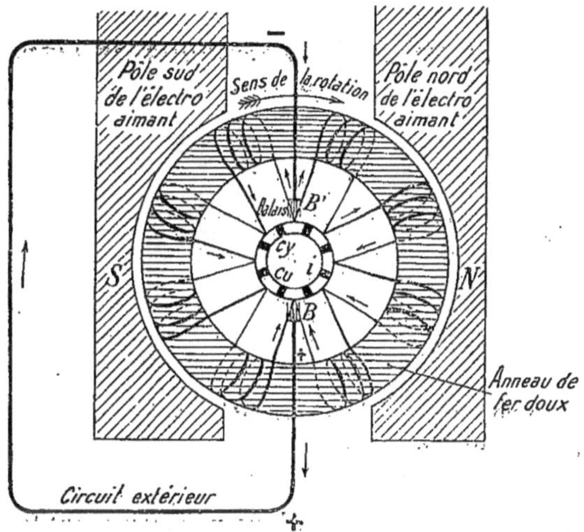

Fig. 92. — *Anneau de Gramme* (figure théorique). — Le déplacement des bobines enroulées sur l'anneau, par rapport aux pôles de
l'électro-aimant NS, fait apparaître dans ces bobines deux courants
d'induction de même sens de chaque côté de la ligne médiane. Ces
courants sont recueillis en B, parcourent le circuit et rentrent en B'.

cuivre isolé, enroulé toujours dans le même sens. Toutes
ces bobines communiquent entre elles, le bout par lequel
l'une commence étant relié par une lame de cuivre au bout
par lequel la précédente finit. Toutes ces lamelles de
cuivre, en nombre égal à celui des bobines, sont disposées
autour d'un cylindre *cy* et séparées les unes des autres par
une matière isolante *i* ; l'ensemble porte le nom de collecteur
et tourne en même temps que l'anneau de fer doux dont il

est solidaire. Sur le collecteur s'appuient deux conducteurs fixes, les *balais* B, B', formés de fils de métal ou de charbon de cornue et disposés aux extrémités d'un même diamètre presque vertical, légèrement incliné dans la direction du mouvement de rotation. La surface de frottement des balais est telle qu'ils touchent simultanément plusieurs lamelles voisines.

150. Fonctionnement de la machine de Gramme. — Dynamos.

Le fonctionnement de la machine de Gramme s'explique en faisant appel à des connaissances théoriques qui sortent de notre programme.

Nous dirons seulement que si l'on communique un rapide mouvement de rotation à l'anneau, chacune des bobines qui l'entourent s'approche, puis s'éloigne successivement des pôles S et N de l'aimant inducteur. Il en résulte dans les bobines l'apparition de courants d'induction alternativement *directs* et *inverses*. Toutes les bobines situées à gauche de la ligne médiane mn sont, par exemple, parcourues par un courant *inverse*, tandis que celles de droite sont parcourues par un courant *direct*, le courant changeant brusquement de sens dans chacune d'elles quand elle dépasse la ligne médiane.

A tout moment, l'ensemble des bobines de chaque côté

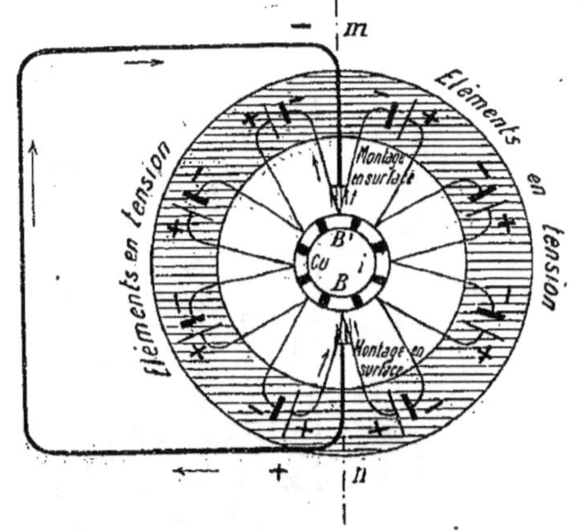

FIG. 93. — On peut assimiler le courant fourni par la machine de Gramme au courant d'une pile formée de deux séries d'éléments couplés en tension de chaque côté de la ligne médiane mn, ces deux séries étant associées en surface par les balais en B et B'.

de cette ligne représente une pile dont les éléments seraient réunis en *tension* (§ 119), par l'intermédiaire des lames du collecteur (*fig.* 93) ; le courant serait alors fourni par ces deux piles, associées en surface (§ 119) au moyen des balais.

La figure 94 donne une vue perspective schématisée d'une machine de Gramme.

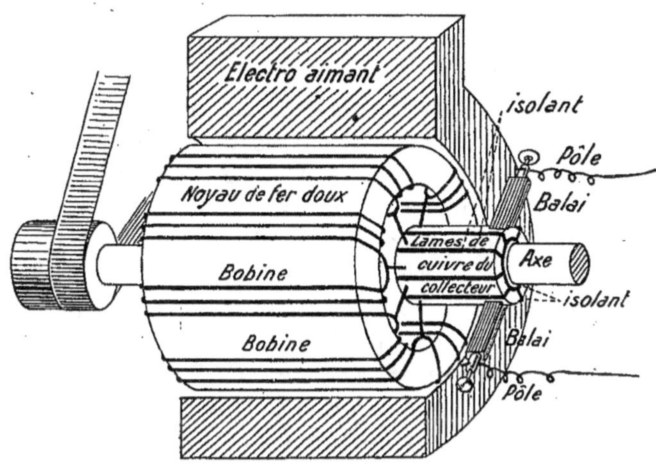

FIG. 94. — *Machine de Gramme.* — Vue perspective schématisée.

Nous n'entrerons pas dans les détails de la construction de la machine pas plus que dans les diverses manières d'aimanter l'inducteur ; disons seulement que l'aimantation est produite par le courant lui-même dont tout ou partie passe autour de l'inducteur qui fonctionne comme un électro-aimant. L'amorçage a lieu grâce au magnétisme rémanent (§ 54) que l'inducteur conserve toujours.

On donne souvent aux machines de Gramme ainsi construites le nom de *dynamos*.

151. Importance des dynamos.

Le courant électrique produit par une machine dynamo est identique au courant fourni par une pile; il peut donc produire les mêmes effets chimiques, lumineux, calorifiques, mais dans des conditions beaucoup plus économiques; aussi les dynamos sont-elles actuellement les seules machines employées industriellement pour fournir l'énergie électrique.

152. Origine de l'énergie électrique dans les phénomènes d'induction.

Lorsque nous avons étudié la production du courant électrique par les piles, nous avons reconnu que l'énergie électrique mise en jeu avait sa source dans l'énergie chimique libérée par l'action de l'acide sulfurique sur le zinc (§ 89).

Dans les phénomènes d'induction, le seul facteur de production de l'énergie électrique qui apparaisse est le déplacement relatif de l'inducteur et de l'induit. L'origine de l'énergie électrique produite est donc *dans le travail qu'il faut dépenser pour effectuer ce déplacement.*

Ainsi une machine dynamo-électrique est-elle un organe qui transforme directement l'énergie mécanique en énergie électrique.

On peut ajouter qu'elle offre un moyen presque parfait de réaliser cette transformation dans les conditions les plus économiques. Tandis que la machine à vapeur n'utilise guère, sous forme d'énergie mécanique, plus de 15 à 20 0/0 de l'énergie calorifique qui lui est fournie (V. *Cours de 2ᵉ année*), une dynamo restitue en énergie 85 à 95 0/0 de l'énergie mécanique mise en jeu pour la faire mouvoir.

153. Réversibilité de la machine de Gramme.

Ce qui achève de rendre cette machine admirable, c'est qu'elle est réversible. Si en effet on fait passer dans les bobines d'une machine Gramme M', par l'intermédiaire des balais, le courant fourni par une dynamo **M** (machine *génératrice*), son anneau se met à tourner. On dit qu'elle fonctionne comme machine *réceptrice*. Cette précieuse qualité fait employer de petites machines Gramme pour actionner des machines-outils diverses, les roues des tramways (§ 155), etc.

154. Transport de l'énergie à distance par l'électricité.

Nous savons qu'une chute d'eau fournit de l'énergie.

Le plus souvent, les chutes d'eau se rencontrent en pays de montagne, en des endroits tout à fait impropres à l'établissement d'une entreprise industrielle. Mais il est ordinairement possible d'y construire une petite usine comprenant une installation hydraulique qui actionne des dynamos. *L'énergie mécanique de la chute d'eau est ainsi transformée en énergie électrique.* Le courant produit par ces machines génératrices est envoyé par des fils à 50, 100, 200 kilomètres et plus dans une usine où de nouvelles dynamos, réceptrices cette fois (*fig.* 98), transforment l'énergie électrique en énergie mécanique directement employée à faire mouvoir des machines-outils.

Une pareille utilisation des chutes d'eau représente une richesse qu'on a peine à s'imaginer, et l'on évalue la puissance que l'on peut tirer des torrents des Alpes françaises à 3.000.000 de chevaux-vapeur, ce qui représente environ le travail que produirait la consommation annuelle de 17 millions de tonnes de charbon dans les machines à vapeur actuelles ([1]).

([1]) D'après une récente étude (août 1910), due à M. Wilhelm, ingénieur en chef des ponts et chaussées, le cours de la Durance seule serait susceptible de fournir une énergie de 500.000 chevaux.

Actuellement, les usines existantes utilisent 76.000 chevaux, les usines en construction utiliseront 16.000 chevaux et celles qui sont projetées 200.000. Il en resterait donc encore 200.000 de disponibles.

L'installation hydraulique la plus grandiose qui existe a été réalisée en Amérique, où l'on utilise 120.000 chevaux sur 500.000 que peuvent fournir les chutes du Niagara (*fig.* 95).

La souplesse avec laquelle l'énergie électrique passe presque intégralement à l'état d'énergie mécanique sans autre installation qu'une canalisation de fils, la facilité avec laquelle elle se divise à l'aide de fils branchés sur le conducteur principal, en rendent éminemment pra-

FIG. 95. — Cataractes du Niagara. L'eau tombe d'environ 50 mètres sur une largeur de près de 1 kilomètre.

tique l'utilisation par la petite industrie. Celle-ci ne saurait se charger de l'installation encombrante et dispendieuse que nécessite toujours une machine à vapeur, tandis qu'avec l'énergie électrique il suffit que deux fils de cuivre de quelques millimètres de diamètre pénètrent dans l'atelier jusqu'à une petite dynamo réceptrice, et voilà aussitôt le tour, la scie à ruban, le pétrin mécanique, le métier à tisser, la machine à coudre, qui se mettent en marche[1].

(1) La facilité et le bon marché avec lesquels l'énergie électrique se transporte à distance auront peut-être dans l'avenir des conséquences économiques et sociales aussi considérables que celles du machinisme. Tandis que la machine à vapeur, en rendant nécessaire la concentration

155. Traction électrique.

Une heureuse application de la transmission de l'énergie à distance a été faite à la traction électrique. Dans beaucoup de villes, les tramways sont mus par de petites dynamos installées sous la voiture. Par le moyen d'une

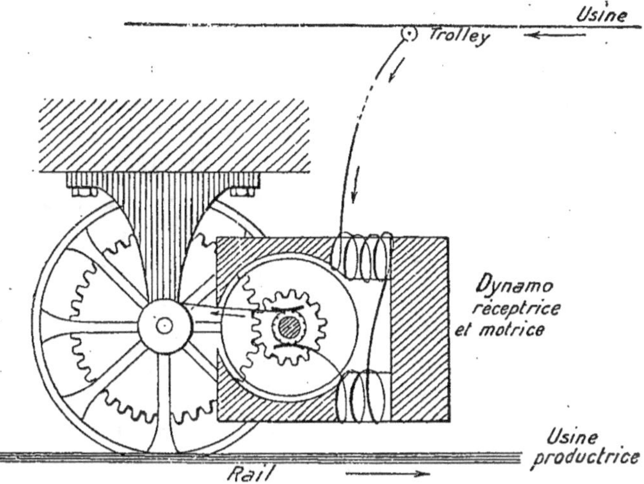

Fig. 96. — Schéma de la disposition d'une dynamo motrice
sous un tramway électrique.

perche métallique isolée, ces moteurs empruntent le courant nécessaire à un fil conducteur disposé au-dessus de la voie et, grâce à des engrenages appropriés, mettent en mouvement les roues du véhicule (*fig.* 96). C'est également

du travail en de grandes usines, a entraîné la désertion du foyer et la dépopulation des campagnes, l'électricité, en se distribuant à domicile, peut avoir un jour pour effet la transformation des grandes usines avec le rétablissement du travail au foyer et la restauration de la vie de famille.

Quoi qu'il en soit, la production de l'énergie électrique ouvre une ère nouvelle dans l'évolution économique des peuples.

ment ainsi que fonctionnent les machines automotrices du Métropolitain à Paris et de quelques lignes de chemin de fer en France, en Italie, en Allemagne, en Belgique.

156. Transformateurs.

Lorsqu'on veut transporter l'énergie électrique à distance, une grande difficulté se présente : la résistance offerte par le fil croit avec la longueur. Ainsi, pour transporter une puissance d'environ 50 chevaux à une distance de 5 kilomètres (10 kilomètres en comptant le fil de retour) par courant continu sous une tension de 120 volts (en admettant une perte en ligne de 10 0/0), on trouve, en utilisant les relations établies précédemment (§§ 80 et 88), que le câble de cuivre devrait avoir une section d'environ 40 centimètres carrés et pèserait près de 320 tonnes. En évaluant le cuivre au prix moyen de 2 fr. 50 le kilogramme, on voit qu'un tel câble coûterait 800.000 francs, non compris le prix des supports et de leur installation.

Pour réduire la dépense, il faudrait donc diminuer la section du fil ; mais alors on augmenterait la résistance, et l'on subirait de ce fait une perte considérable d'énergie.

Or nous avons vu, en étudiant les piles (§ 120), que, lorsque la résistance du circuit extérieur est très grande, il convient d'augmenter la chute du potentiel.

D'ailleurs les formules :

$$P_{\text{watts}} = E_{\text{volts}} \times I_{\text{ampères}}$$

et

$$P_{\text{watts}} = R_{\text{ohms}} \times I^2_{\text{ampères}},$$

établies plus haut (§ 94 et 97), vont nous permettre de préciser ces relations.

D'après la seconde formule, on voit que, pour une même

puissance en volts, plus la résistance augmente, plus l'intensité diminue.

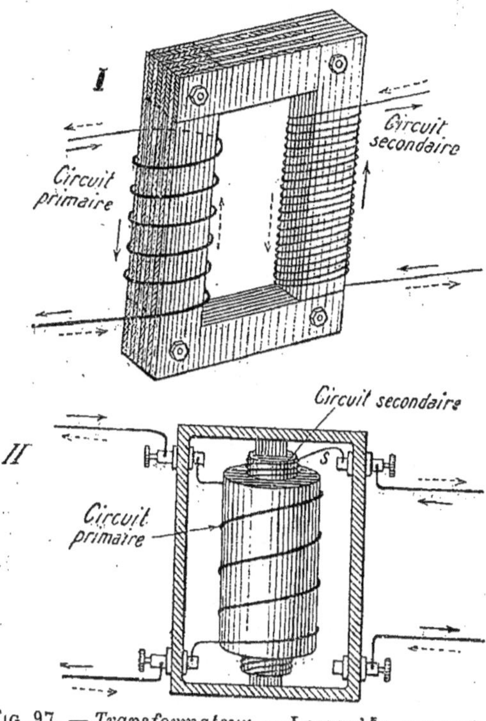

FIG. 97. — *Transformateur.* — Lorsqu'un courant alternatif à forte intensité et faible voltage circule dans une bobine à fil gros et court (primaire) au voisinage d'une bobine formée d'un fil long et fin, il naît dans ce dernier circuit un courant induit de faible intensité, mais à potentiel élevé; — I. Les circuits primaire et secondaire sont parallèles; — II. Ils sont concentriques.

Mais alors, d'après la première formule, si l'intensité I devient 2, 3, 4, ... fois plus petite, la *force électromotrice* E doit être 2, 3, 4, ... fois plus grande *pour que la puissance transmise soit la même.* D'où on conclut que, pour fournir l'énergie électrique à distance, il faut transporter des courants de *faible intensité* mais à *haut potentiel.*

Or les dynamos sont loin de pouvoir fournir le courant sous un voltage élevé (^{1}) : il faut donc modifier la valeur relative de l'intensité

(1) On ne peut guère dépasser 3.500 à 4.000 volts à cause de la difficulté d'avoir et de maintenir un bon isolement dans l'induit en mouvement et aussi à cause de la production d'arcs électriques entre les lames des collecteurs.

et de la force électromotrice. On y arrive à l'aide d'appareils spéciaux appelés **transformateurs** fondés sur le phénomène d'induction suivant, déjà étudié plus haut (§ 143, II) :

Lorsque l'intensité d'un courant augmente ou diminue, il apparaît dans un circuit fermé voisin un courant induit inverse ou direct.

Un transformateur comprend en principe deux bobines ou deux séries de bobines associées en tension : les unes à fil gros et court (circuit primaire), les autres à fil fin et long (circuit secondaire). Tantôt les bobines primaires alternent avec les secondaires, tantôt elles les entourent (*fig.* 97, I, II).

Si l'on fait passer dans le circuit primaire P des courants **alternatifs** ([1]) fournis par une dynamo de construction spéciale, d'intensité I élevée et de faible force électromotrice e, ces courants font naître dans

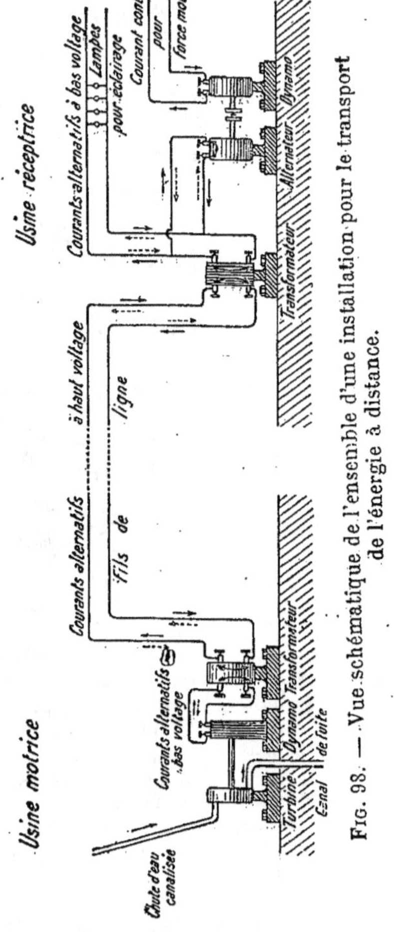

Fig. 98. — Vue schématique de l'ensemble d'une installation pour le transport de l'énergie à distance.

faible force électromotrice e, ces courants font naître dans

([1]) Comme leur nom l'indique, les courants alternatifs sont des courants qui changent alternativement de sens. Le nombre de ces changements, ou *fréquence*, est généralement compris, pour les courants industriels, entre **25** et **100** périodes par seconde.

le circuit secondaire **s** des courants alternatifs induits de faible intensité *i*, mais à potentiel élevé **E**, et l'on a sensiblement :

$$\mathrm{I}e = i\mathrm{E}.$$

Inversement, si l'on envoie dans le circuit secondaire *s* des courants alternatifs *à hàut potentiel* et de *faible intensité*, ils induisent dans le circuit primaire **P** des courants alternatifs à *bas potentiel*, mais d'*intensité élevée*, que des appareils spéciaux transforment aisément en courant continu.

La transmission de l'énergie à distance se fait donc de la manière suivante (*fig.* 98) :

1° Une usine motrice utilise l'énergie d'une chute d'eau ou encore la combustion du charbon pour actionner des dynamos. Le courant produit à 110, 120, 220, 500 volts est envoyé dans des transformateurs qui en élèvent le potentiel à 15.000, 20.000, 25.000 volts et plus, suivant la résistance de la ligne.

2° Une usine réceptrice recueille ce courant dans de nouveaux transformateurs où, par un phénomène inverse du précédent, il est ramené à 500, 220, 110 volts, suivant les nécessités de la consommation, puis envoyé aux abonnés soit directement (éclairage, force motrice), soit après avoir été transformé en courant continu (force motrice, électrolyse, recharge d'accumulateurs).

157. Expériences. — Examiner et faire fonctionner la petite machine de Gramme de l'école. Veiller à la propreté des contacts ; s'assurer que les balais de charbon *portent bien sur le collecteur* (§ 106). Allumer, au moyen du courant, une petite lampe à incandescence dont le voltage et l'intensité lumineuse sont en rapport avec les indications inscrites sur la machine.

Visiter les installations électriques qui peuvent exister dans la ville ou la région : usines diverses, tramways électriques, etc. Voir le tableau de distribution. Ne toucher à aucun fil.

CHAPITRE XVII

INDUCTION *(suite)*

BOBINE DE RUHMKORFF, COURANTS DE HAUTE FRÉQUENCE; TÉLÉGRAPHIE SANS FIL [1]

PLAN

Bobine de Ruhmkorff.	Principe.		Elle est fondée sur l'induction d'un courant par un courant. Un dispositif particulier permet de lancer ou d'interrompre plusieurs fois par seconde le courant d'une pile dans une bobine à gros fil. Celle-ci est entourée d'une bobine de fil fin et très long dans laquelle se produisent des courants alternatifs d'induction (courants de *fermeture* et de *rupture*) de faible intensité, mais à potentiel très élevé (100.000 volts).
	Ses effets.		Étincelle, illumination des gaz raréfiés, commotions, etc.
Courants de haute fréquence.	Excitateur de Hertz.	*Propriété.*	Grâce à un dispositif particulier, le physicien allemand Hertz a pu produire des courants oscillatoires dont le nombre atteint 50 billions par seconde.
		Ondes hertziennes.	Ces oscillations électriques mettent l'éther environnant en état de vibration. Les ondes produites sont analogues aux ondes lumineuses et se propagent avec la même vitesse (300.000 kilomètres à la seconde).
		Télégraphie sans fil.	Elle repose sur la combinaison de deux inventions : 1° l'excitateur de Hertz ; 2° le radioconducteur de Branly ; grâce à elle, on peut, uniquement par la production d'ondes hertziennes, télégraphier à des distances considérables (3.000, 4.000 et 5.000 kilomètres).

[1] Ce chapitre et le suivant ne figurent, aux termes du programme, « que comme un complément facultatif qu'il appartient au professeur de retenir ou d'écarter ».

BOBINE DE RUHMKORFF

158. Principe et fonctionnement de la bobine de Ruhmkorff.

La bobine de Ruhmkorff, inventée en 1851, n'est autre qu'un transformateur particulier.

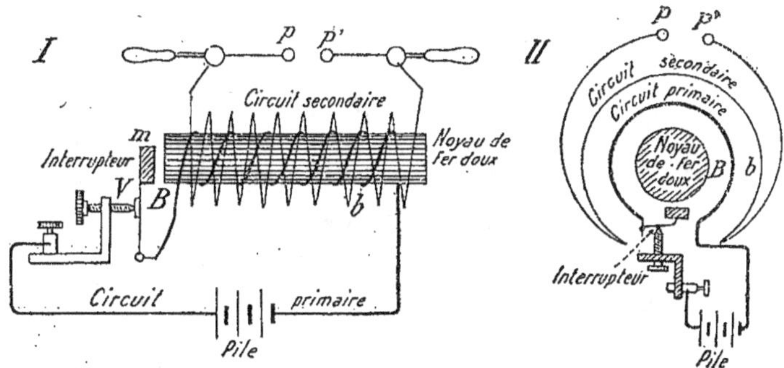

Fig. 99. — *Bobine de Ruhmkorff* (schéma). — Cet appareil est un transformateur où le circuit secondaire entoure le primaire. Celui-ci communique avec les pôles d'une pile par l'intermédiaire d'un interrupteur qui ferme et rompt brusquement le courant. Le secondaire est alors parcouru par des courants induits alternatifs à potentiel élevé qui produisent de longues étincelles entre p et p'.
I. Vue longitudinale; II. Vue transversale (l'interrupteur a été disposé en travers).

La bobine primaire B (*fig.* 99) est formée par un fil assez gros (2 millimètres) et court (environ 50 mètres); elle est traversée en son milieu par un faisceau de fil de fer doux, en sorte que l'ensemble figure un électro-aimant droit (§ 137).

La bobine secondaire entoure la bobine primaire; elle est formée par un fil fin de $\frac{1}{4}$ à $\frac{1}{5}$ de millimètre enroulé sur plusieurs milliers de tours, soigneusement isolé, et dont la longueur peut atteindre plusieurs centaines de kilomètres dans les grands modèles.

Un dispositif mV, analogue au trembleur d'une sonnerie électrique, permet à l'*interrupteur* de fermer ou d'ouvrir le circuit primaire à intervalles très rapides.

Voici maintenant comment fonctionne la bobine de Ruhmkorff :

1° Lorsqu'on envoie le courant d'une pile ou d'une batterie d'accumulateurs dans le circuit primaire, il naît dans le circuit secondaire un courant induit *inverse*. En même temps le noyau de fer doux s'aimante, attire le petit marteau m qui s'écarte de la pièce V;

2° A ce moment le courant primaire est rompu et un courant induit *direct* apparaît dans la bobine secondaire;

3° Mais à la rupture du courant primaire le fer doux se désaimante et le marteau m revient au contact de la vis V. Le courant de la pile passe à nouveau dans la bobine primaire et les phénomènes précédents se reproduisent.

159. Courants donnés par la bobine de Ruhmkorff.

En résumé, par suite de l'établissement et de la rupture d'un courant continu dans le circuit primaire, il apparaît des courants induits alternatifs dans la bobine secondaire. Tandis que le courant primaire est de forte intensité mais de faible force électromotrice, les courants secondaires d'induction sont de faible intensité, mais à haut potentiel. Ce potentiel dépasse 100.000 volts avec les fortes bobines.

Il s'en faut toutefois que les deux courants induits soient identiques. Nous savons, en effet, que le courant primaire de fermeture est un peu *affaibli* au début par un *courant inverse* de self-induction, tandis que le courant de rupture est *renforcé* par un *courant direct*. Aussi le courant secondaire de rupture a-t-il une intensité moyenne et un *potentiel plus élevés* que le courant secondaire de fermeture.

Si l'on écarte légèrement les boules p, p' intercalées sur le circuit secondaire, on entend un crépitement dû aux étincelles produites par le passage des courants alternatifs induits; mais, lorsqu'on accroît la distance pp', il arrive un moment où la force électromotrice du courant induit de fermeture n'est plus assez grande pour vaincre la résistance de l'air. Des étincelles moins nombreuses jaillissent encore, mais elles sont dues uniquement au passage des courants induits de rupture. A ce moment la bobine induite fonctionne comme une machine électrostatique dont les boules p, p' seraient les pôles. Il est évident, dans ce cas, que les courants inverses sont perdus; aussi la bobine de Ruhmkorff est-elle un médiocre transformateur.

Les bobines de Ruhmkorff actuelles présentent divers perfectionnements dans le détail desquels nous n'entrerons pas.

160. Effets et usages de la bobine de Ruhmkorff.

Les courants alternatifs induits fournis par la bobine de Ruhmkorff n'ont aucune influence sur l'aiguille aimantée; un galvanomètre intercalé dans le circuit ne subit aucune déviation; ils n'exercent aucune action sur une dissolution d'azotate d'argent. En revanche, on peut produire avec cet appareil divers effets que nous allons passer sommairement en revue :

Effets lumineux. — La longueur de l'étincelle qu'on peut obtenir avec la bobine de Ruhmkorff est liée à la différence de potentiel qui s'établit entre les pôles p et p'.

Une étincelle de 1 millimètre de longueur *dans l'air* correspond à une différence de potentiel de 5.500 volts, une étincelle de 1 centimètre à 48.000 volts, une étincelle de 10 centimètres à 120.000 volts. Avec les gros modèles on obtient des étincelles de 75 centimètres à 1 mètre de longueur.

Dans les gaz raréfiés, l'étincelle prend un autre aspect que nous étudierons bientôt (§ 168).

Effets calorifiques. — L'étincelle électrique est chaude : on peut l'utiliser pour enflammer de l'alcool, de l'essence ; on l'emploie pour enflammer le mélange gazeux dans l'eudiomètre, dans le moteur à explosion pour automobile ou pour provoquer au loin l'explosion de mines.

Effets mécaniques. — Si l'on déplace une feuille de papier entre les boules p, p' d'une bobine de Ruhmkorff en activité, l'étincelle perce le papier ; on peut ainsi obtenir des dessins perforés, variés. Avec de fortes bobines on peut percer des plaques de verre de quelques centimètres d'épaisseur.

Effets chimiques. — Outre les combinaisons dues à sa température, l'étincelle électrique peut produire des effets chimiques que la chaleur seule serait insuffisante à déterminer ; une série continue d'étincelles électriques décompose le gaz ammoniac, ou produit à l'inverse la combinaison de l'azote et de l'hydrogène ; elle détermine la transformation de l'oxygène en ozone, la combinaison de l'azote et de l'oxygène, etc.

Effets physiologiques. — En prenant en main deux fils conducteurs reliés aux bornes du circuit secondaire d'une petite bobine en activité, on reçoit à chaque rupture et à chaque fermeture du circuit une commotion dans les mains. Avec de grosses bobines ces décharges seraient mortelles. On utilise ces effets en thérapeutique pour le traitement de certaines maladies.

161. Caractère du courant produit par une bobine de Ruhmkorff.

La bobine de Ruhmkorff est, avons-nous dit, un transformateur. Par conséquent l'énergie qu'on retrouve dans le circuit secondaire ne peut être supérieure à celle qui est mise en jeu dans le primaire (elle est même bien inférieure, à cause du mauvais rendement de cet appareil), et pourtant, si l'on fait passer le courant inoffensif produit par quatre éléments Bunsen dans une bobine de grosseur moyenne, on obtient un courant secondaire capable de foudroyer un lapin.

Cette différence entre les effets produits par la mise en jeu d'une certaine quantité d'énergie électrique tient à la *forme* sous laquelle cette énergie est utilisée. Dans les piles, le courant est à grand débit, mais à bas potentiel; dans la bobine de Ruhmkorff, le courant est à faible débit, mais à très haut potentiel. Nous avons déjà montré la différence entre ces deux modes de production du courant électrique à propos de la transmission de l'énergie à distance (§ 156).

D'une manière générale la puissance d'un courant électrique dépend de deux facteurs, l'*intensité* du courant et son *voltage*, comme le montre l'égalité :

$$E_{watts} = I_{ampères} \times E_{volts}$$

établie plus haut (§ 97). Selon que l'un de ces facteurs l'emporte sur l'autre, les effets produits sont différents.

Jusqu'à ces dernières années la bobine de Ruhmkorff n'avait eu que des usages tout à fait restreints quand les découvertes des rayons **X**; des courants de haute fréquence, de la télégraphie sans fil sont venues lui donner une grande importance scientifique.

TÉLÉGRAPHIE SANS FIL

La télégraphie sans fil, inventée par un savant Français M. Branly et perfectionnée par l'Italien Marconi, repose sur la découverte antérieure des courants de haute fréquence due à Tesla et sur la combinaison de deux inventions préalables : 1° l'*excitateur de Hertz*; 2° le *radioconducteur* ou *cohéreur* de Branly.

162. Excitateur de Hertz.

Cet appareil imaginé par un physicien allemand, Henri Hertz, comprend (*fig.* 100) deux sphères de même rayon S, S'
reliées par une tige métallique à deux sphères plus petites b, b'. Celles-ci sont mises en communication avec les bornes du circuit secondaire d'une bobine de Ruhmkorff séparées par un inter-

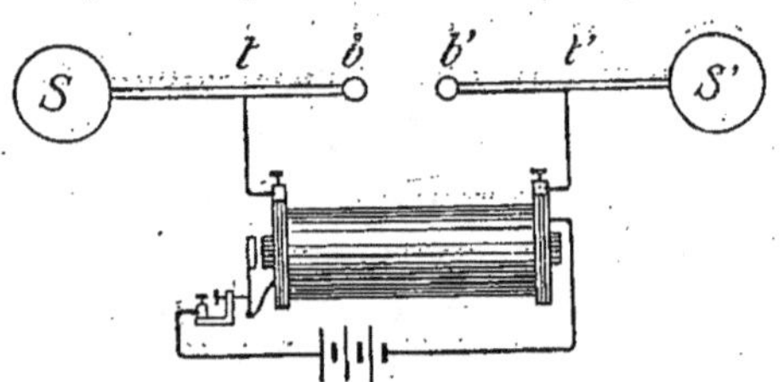

FIG. 100. — *Excitateur de Hertz.* — Il produit des oscillations dont le nombre atteint 50 billions par seconde.

valle tel que l'étincelle du courant de rupture puisse seule éclater.

Quand on lance le courant dans la bobine, il s'établit, par suite de ce dispositif même et pour des raisons que nous ne pouvons donner ici, des courants alternatifs entre les deux conducteurs Stb et S'$t'b'$ qui apparaissent sous forme d'étincelles nombreuses éclatant alternativement dans un sens et dans l'autre et dont la fréquence atteint le nombre fantastique de 50 billions par seconde (50.000.000.000). On aura une idée d'un tel nombre en remarquant qu'il correspond au nombre de *centimètres carrés* compris dans un rectangle de 5 kilomètres de long sur 1 kilomètre de large.

On donne à ces décharges le nom de décharges oscillantes et aux courants alternatifs qui les produisent celui de courants de haute fréquence.

163. Ondes hertziennes.

La production des décharges oscillantes s'accompagne d'un phénomène singulier : si, dans le voisinage de l'appareil, on approche l'une de l'autre deux clés, deux pièces de monnaie, une étincelle jaillit entre elles.

Ces faits et d'autres semblables ne peuvent s'expliquer que par un état électrique particulier de l'espace. On démontre qu'il est dû à des vibrations de l'éther.

Les oscillations électriques dont le conducteur est le siège mettent l'éther environnant en état de vibration ; les ondes produites sont de même nature que les ondes lumineuses (¹) et se propagent avec la même vitesse (300.000 kilomètres par seconde). On donne à ces ondes le nom d'**ondes hertziennes** en l'honneur du physicien allemand qui a tout particulièrement étudié les décharges oscillantes.

164. Radioconducteur.

Les ondes hertziennes peuvent à leur tour influencer des conducteurs et y engendrer des courants induits, de même fréquence que les courants produits par l'excitateur.

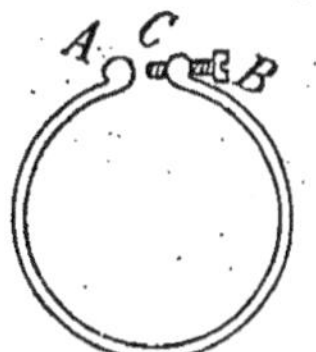

Fig. 101. — *Résonnateur électrique de Hertz.* — Au voisinage d'un excitateur de Hertz en activité, on voit des étincelles jaillir dans la coupure **C**.

Si l'on dispose près de celui-ci un conducteur recourbé en forme d'anneau ouvert (*fig.* 101) appelé **résonnateur,** on voit jaillir des étincelles dans la coupure.

Ce résonnateur peut donc agir comme révélateur d'ondes hertziennes ; mais ces ondes s'affaiblissent rapidement avec la distance et, à quelque vingt mètres de l'excitateur, le résonnateur ne donne plus d'étincelles.

Heureusement un physicien français, M. Branly, fit la découverte importante d'un appareil extrêmement sensible au passage des ondes hertziennes : le **radioconducteur** ou **cohéreur,** fondé sur les propriétés singulières de la limaille de fer : 1° d'offrir en temps ordinaire une grande résistance au passage d'un courant ; 2° de devenir conductrice quand elle a

(¹) Voir *Cours de 2ᵉ année.*

subi l'influence d'ondes hertziennes même très faibles;
3° de perdre cette conductibilité sous l'action d'un choc.

La figure 102 représente schématiquement un tube de Branly à limaille de fer ([1]). Si l'on intercale ce tube dans un circuit comprenant une pile et une sonnerie électrique, le courant ne passe pas et le timbre est muet. Une onde hertzienne vient-elle à frapper le cohéreur, aussitôt la limaille est rendue conductrice et la sonnerie fonctionne. Pour interrompre le courant, il suffit de frapper légèrement le tube.

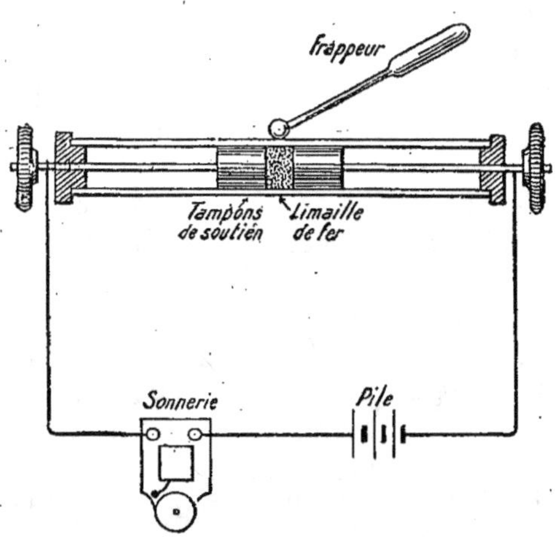

Fig. 102. — *Tube de Branly ou radioconducteur.* — La limaille métallique oppose en temps ordinaire une grande résistance au courant de la pile P. Le passage d'une onde hertzienne rend la limaille conductrice, le courant passe et actionne la sonnerie. Par un léger choc, la limaille reprend sa résistance primitive et la sonnerie s'arrête.

165. Transmission et réception des signaux en télégraphie sans fil.

La figure 103 représente une vue d'ensemble schématisée des postes transmetteur et récepteur.

Au départ, l'énergie électrique est fournie par une pile, une batterie d'accumulateurs ou une dynamo; le courant primaire est lancé ou rompu dans la bobine de Ruhmkorff par un manipulateur ordinaire; mais les contacts ont lieu

([1]) On se sert maintenant d'un mélange de limaille de nickel et d'argent ou encore de limaille d'or. Les faces internes des tampons sont dorées.

dans le pétrole afin d'éviter des étincelles de rupture. Les signaux en usage sont ceux de l'alphabet Morse.

Chaque fois que le manipulateur ferme le circuit primaire, des courants de haute fréquence naissent dans l'excitateur

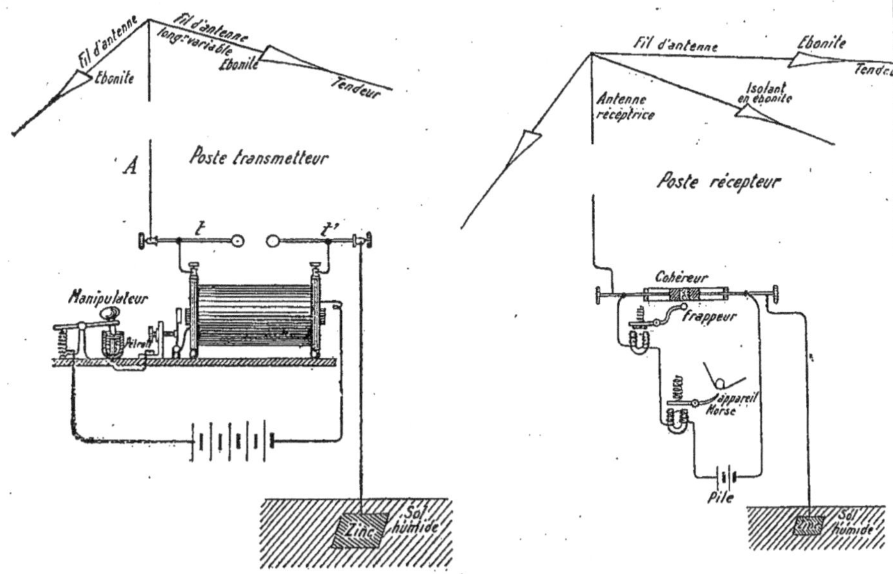

Fig. 103. — *Schéma d'une installation complète de télégraphie sans fil.* — Au départ, les oscillations sont produites ou interrompues par un manipulateur, suivant l'alphabet Morse, et envoyées dans un mât métallique isolé (antenne), qui diffuse les ondes dans l'espace. — A l'arrivée, ces ondes rendent conducteur un cohéreur et ferment un circuit, comprenant un récepteur Morse et un électro-aimant. Celui-ci actionne un frappeur qui vient, par un léger choc, rendre au cohéreur sa résistance primitive.

de Hertz dont l'une des boules S' est représentée par la terre avec laquelle la tige t' est en relation et l'autre boule S par une longue tige soigneusement isolée A, l'*antenne*, le plus souvent reliée à un certain nombre de fils de cuivre isolés à leur extrémité libre. Antenne et fils d'antenne sont parcourus par les courants oscillatoires qu'ils renforcent.

Grâce à eux, la longueur d'onde est augmentée ; elle peut atteindre 1.800, 2.400 et 4.000 mètres, ce qui est éminemment favorable à la propagation des ondes hertziennes ; dans ce cas, en effet, pour des raisons que nous ne pouvons donner, elles contournent facilement les obstacles : maisons, bois, montagnes, rotondité de la Terre.

Suivant l'énergie électrique mise en jeu, la longueur de l'antenne et son élévation, les ondes hertziennes se propagent à des distances considérables, 3.000, 4.000, 5.000 kilomètres.

Au poste récepteur elles déterminent dans une antenne réceptrice des courants oscillatoires de même fréquence qui traversent un tube de Branly et le rendent conducteur. Ce tube ferme un circuit comprenant en principe une pile, un appareil Morse et un électro-aimant agissant sur un petit marteau frappeur. Au moment où le courant passe, l'appareil Morse marque un point sur la bande de papier ; en même temps le frappeur donne un léger coup sur le cohéreur et lui rend sa résistance première. Le courant de la pile est alors interrompu jusqu'à ce qu'une nouvelle onde vienne agir sur la limaille métallique.

Pour une série prolongée d'ondes électriques, le récepteur Morse marque sur la bande de papier une suite de points très rapprochés qui figurent un trait.

Le tube de Branly ou « oreille » qui perçoit les ondes électriques, n'a pas la sensibilité voulue pour la réception des ondes émises à des centaines de kilomètres, aussi dans les appareils récents, lui a-t-on substitué des *cohéreurs* ou *récepteurs*, révélateurs d'ondes beaucoup plus sensibles [1].

(1) Le plus récent est le détecteur *thermo-électrique* formé *uniquement* d'un téléphone relié d'une part à une pyrite de fer et de l'autre à une pointe métallique reposant avec une pression convenable sur la pyrite. Cet appareil est à la fois sensible et robuste, car il résiste à l'action des étincelles atmosphériques.

166. Emploi de la télégraphie sans fil.

Les avantages de la télégraphie sans fil sont trop évidents pour qu'il soit utile d'insister. Actuellement on télégraphie sans fil d'une manière satisfaisante à 2.000, 3.000, 4.000 et même 6.000 kilomètres.

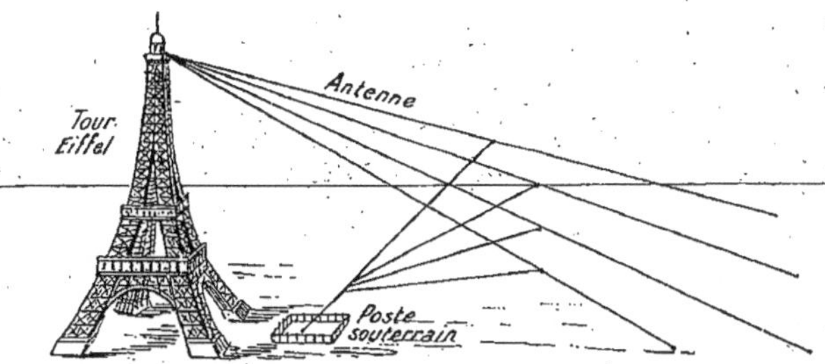

Fig. 104. — Poste de télégraphie sans fils de la tour Eiffel
avec les fils d'antenne (fig. schématique).

Pendant les opérations militaires au Maroc (1907), le Gouvernement français envoya directement des dépêches de la tour Eiffel (Paris) à Casablanca (Maroc) (*fig.* 104).

Les navires militaires et nombre de paquebots sont aujourd'hui munis d'appareils de télégraphie sans fil ([1]).

([1]) Voici quelques renseignements complémentaires tirés d'un article de M. Lucien Fournier, paru dans l'*Illustration* du 25 juin 1910.

Depuis le 15 mai 1910, treize postes de télégraphie sans fil sont ouverts en France au service privé. Les plus importants sont ceux d'Ajaccio, Bizerte, Brest, Cherbourg, Dunkerque, Lorient, Rochefort, Sainte-Marie-de-la-Mer, dont la portée est de 700 kilomètres le jour et 2.000 kilomètres la nuit (la station militaire de la tour Eiffel, dont la portée est de plus de 4.000 kilomètres, n'expédie que des télégrammes officiels). Grâce à ces postes, un commerçant peut envoyer des dépêches à un navire muni d'appareil de réception dont il connaît approximativement la situation. Le prix de la transmission est de 0 fr. 30 par mot.

Toutefois l'arrivée de la dépêche est subordonnée à la distance, à cause de la portée relativement restreinte des appareils de transmission. Pour être certain de faire parvenir un radio-télégramme à un passager allant à New-York, il faut s'adresser à la Compagnie Marconi, dont il existe une filiale française à Paris, car elle seule possède des

167. Expériences. — Examiner et faire fonctionner la bobine de Ruhmkorff de l'école.

Effets calorifiques. — Enflammer de l'éther placé dans une cuiller en l'approchant d'un pôle d'une bobine de Ruhmkorff en activité. Réunir les deux pôles par un fil métallique *court et très fin :* quand on la fait fonctionner, le fil s'échauffe fortement.

Effets mécaniques. — Percer un carton fin (carte de visite) à chaque étincelle.

Effets chimiques. — On peut déterminer la combinaison de l'hydrogène et de l'oxygène par l'étincelle électrique dans un flacon métallique appelé *pistolet de Volta* (*fig.* 104 *bis*). On l'emplit aux $\frac{2}{5}$ environ d'hydrogène, le reste est donc de l'air (en opérant par tâtonnements on arrive après deux ou trois essais à avoir un mélange convenable d'hydrogène et d'air), puis on bouche. On approche d'un pôle de la bobine : en même temps qu'une étincelle jaillit entre le pôle et *b*, une autre jaillit entre *b'* et la paroi, enflamme le mélange, et le bouchon sort avec explosion.

Fig. 104 *bis.*
Pistolet de Volta.

Effets physiologiques. — Electriser une personne placée sur un tabouret isolant (un tabouret ordinaire dont les quatre pieds sont logés dans des verres épais en joue le rôle), en lui faisant tenir un pôle de la bobine, dont l'autre pôle est au sol. Elle ne sent rien, mais si l'on approche le doigt de sa main ou de sa figure, on peut en tirer des étincelles.

Donner des commotions à l'aide d'une bobine en activité.

stations assez puissantes pour que leurs ondes atteignent les paquebots : l'une au Poldhu à la pointe de Cornouaille (Angleterre), l'autre à Cap-Cod (États-Unis); leur portée est de 4.000 kilomètres; la taxe est de 3 fr. 80 le mot.

La même Compagnie possède deux autres stations, les plus puissantes du monde entier : à Clifden (Irlande) et à Glace-Bay (Canada), dont les ondes franchissent entièrement l'Atlantique (5.600 kilomètres) et permettent à ces deux stations de communiquer directement entre elles.

D'après un autre article de M. F. Honoré (18 mars 1911), le poste de la tour Eiffel a été muni récemment de nouveaux appareils très perfectionnés qui lui permettent maintenant de correspondre avec la station de Glace-Bay.

CHAPITRE XVIII

DÉCHARGES DANS LES GAZ
RAYONS X. — RADIOACTIVITÉ

PLAN

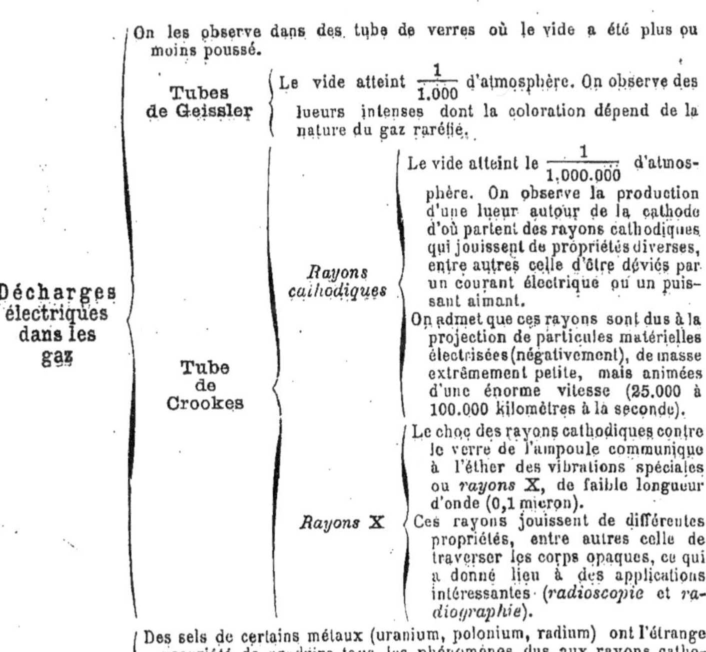

On les observe dans des tube de verres où le vide a été plus ou moins poussé.

Tubes de Geissler — Le vide atteint $\frac{1}{1.000}$ d'atmosphère. On observe des lueurs intenses dont la coloration dépend de la nature du gaz raréfié.

Rayons cathodiques — Le vide atteint le $\frac{1}{1.000.000}$ d'atmosphère. On observe la production d'une lueur autour de la cathode d'où partent des rayons cathodiques qui jouissent de propriétés diverses, entre autres celle d'être déviés par un courant électrique ou un puissant aimant.

On admet que ces rayons sont dus à la projection de particules matérielles électrisées (négativement), de masse extrêmement petite, mais animées d'une énorme vitesse (25.000 à 100.000 kilomètres à la seconde).

Rayons X — Le choc des rayons cathodiques contre le verre de l'ampoule communique à l'éther des vibrations spéciales ou *rayons* X, de faible longueur d'onde (0,1 micron).

Ces rayons jouissent de différentes propriétés, entre autres celle de traverser les corps opaques, ce qui a donné lieu à des applications intéressantes (*radioscopie* et *radiographie*).

Radio-activité — Des sels de certains métaux (uranium, polonium, radium) ont l'étrange propriété de produire tous les phénomènes dus aux rayons cathodiques et aux rayons X.

Cette découverte, due à M. Becquerel (uranium), a reçu toute son ampleur grâce aux travaux de M. et M\ᵐᵉ Curie (radium) et a suscité des expériences troublantes sur la transmutation des corps (W. Ramsay) et des hypothèses hardies sur la constitution de la matière.

DÉCHARGES DANS LES GAZ

168. Tubes de Geissler.

Jusqu'ici nous avons considéré les gaz, l'air en particulier, comme des isolants (§ 68 et 106). Cette propriété s'atténue singulièrement lorsque le gaz est raréfié dans une enceinte fermée, comme un tube de verre.

Sur le trajet du courant direct fourni par une bobine de Ruhmkorff, disposons une ampoule de verre (*fig.* 106) munie à ses extrémités d'électrodes en platine, et présentant un ajutage latéral **g** mis en communication avec une pompe à mercure. Le tube étant plein d'air au début, le courant ne peut passer. On fait alors fonctionner la pompe à mercure et, à mesure que le gaz se raréfie, on observe les phénomènes suivants :

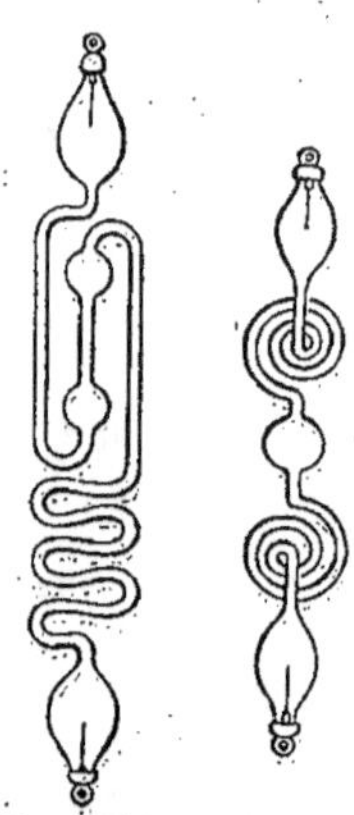

FIG. 105. — Tubes de Geissler.

1° Étincelles grêles fréquentes ;

2° Aigrette d'apparence continue ;

3° Lueur entourant les électrodes ;

4° Colonne lumineuse rouge violacé s'étendant de l'électrode positive (*anode* A) à l'électrode négative (*cathode* C). A ce moment la pression est d'environ $\frac{1}{1.000}$ d'atmosphère. En prenant des tubes contournés de diverses manières, on obtient des effets lumineux qui varient avec la nature du gaz raréfié (violets pour l'air, pourpres pour l'azote, rouges pour l'hydrogène, verts pour le gaz carbonique, etc.). Phénomène remarquable, ces lueurs se produisent sans élévation sensible de température [1]. Ce sont les tubes de Geissler (*fig.* 105).

---

[1] Cette lumière est dite *lumière froide* par opposition avec la lumière artificielle produite par l'incandescence de divers corps sous

169. Rayons cathodiques.

Si l'on pousse le vide plus loin, une gaine lumineuse entoure une partie de plus en plus grande de la cathode dont elle est séparée par un espace relativement obscur, tandis qu'une lueur rosée existe au contact même de cette cathode.

A mesure que la raréfaction du gaz augmente, l'espace obscur de la gaine cathodique s'accroît, et quand la pression atteint le millionième d'atmosphère, la lueur cathodique demeure seule. On a le *tube de Crookes* (*fig.* 106).

De cette lueur partent des rayons dits **rayons cathodiques** qui ont de bien curieuses propriétés :

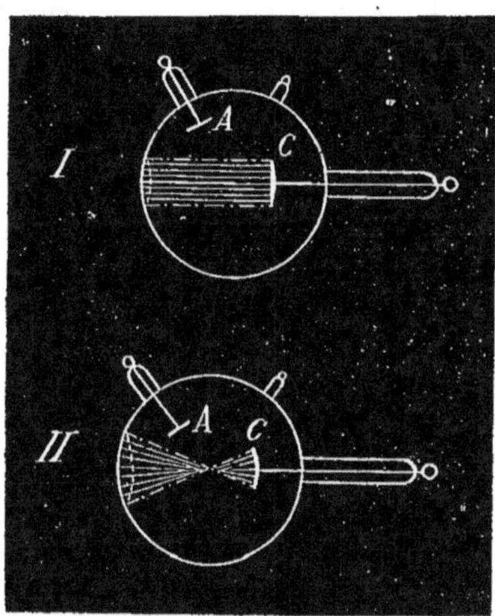

Fig. 106. — *Tubes de Crookes.*

1° Ils rendent vivement fluorescent le gaz résiduel et bon nombre de substances : un diamant préalablement introduit dans l'ampoule s'illumine de feux verts, un bâton de craie brille d'une lumière jaune orangé. Le verre de l'ampoule s'illumine lui-même d'une lueur verdâtre dans la région où il est frappé par ces rayons. Suivant que ceux-ci émanent d'une cathode plane ou de forme sphérique concave, le faisceau est cylindrique ou conique (*fig.* 106) et forme sur le verre une large tache circulaire ;

l'action d'une température élevée. Une application remarquable en a été faite à l'éclairage d'ateliers, de salles de réunions, dans des conditions économiques remarquables, par M. Cooper-Hewitt en utilisant la vapeur de mercure.

2° Ces rayons peuvent produire des réactions chimiques. C'est ainsi que le verre de l'ampoule noircit par suite de sa réduction avec mise en liberté du plomb métallique. De l'oxyde de cuivre est réduit à l'état de cuivre rouge ;

3° Si l'on place sur le trajet de ces rayons une légère feuille de mica montée sur pivot, celle-ci se met à tourner vivement comme si elle était mise en mouvement par une série de chocs se succédant très rapidement ;

4° Si l'on place une mince feuille de platine isolée au point où ces rayons sont concentrés par une cathode concave, cette feuille rougit à blanc. Ce phénomène est en rapport étroit avec le précédent : il suffit de supposer que des particules infiniment petites viennent frapper en une succession rapide la lame de platine. Sous l'action de ces chocs multiples, celle-ci s'échauffe à la façon d'une plaque de tôle qu'on martèlerait vigoureusement ;

5° Fait important : ces rayons peuvent être déviés par un courant électrique, ou un puissant aimant, ce qui fait supposer qu'ils transportent de l'électricité. Des expériences précises ont confirmé cette hypothèse et ont montré que cette électricité est négative.

Comme on n'a jamais rencontré d'électricité indépendante de la matière, les physiciens ont pensé que ces rayons cathodiques sont constitués par un mouvement de particules matérielles chargées d'électricité négative, particules qu'ils ont désignées sous le nom de **corpuscules** ou d'**électrons**.

Par des procédés que nous ne pouvons décrire, ils en ont mesuré la vitesse et la masse. Celle-ci est sensiblement les 3/4 de $\dfrac{1}{1.000.000.000^3}$ gramme.

Quant à la vitesse, elle peut atteindre 100.000 kilomètres à la seconde.

Dans ces conditions, on comprend que les réductions chimiques opérées par ces particules soient dues à l'énergie de mouvement qu'elles possèdent $\left(\text{énergie} = \dfrac{1}{2} mv^2\right)$ (§ 47).

170. Rayons X.

Enfermons l'ampoule de Crookes dans une boîte en carton, et plaçons-nous dans l'obscurité. La lueur cathodique cesse d'être visible. Mais disposons au voisinage de la boîte un écran de bois ou de verre enduit d'une substance spéciale telle que du platinocyanure de baryum, celle-ci s'illumine aussitôt et brille d'un vif éclat.

Interposons notre main entre la boîte et l'écran, nous voyons aussitôt, spectacle étrange et impressionnant, le squelette de notre main se projeter en noir sur le fond lumineux (*fig.* 107).

Remplaçons notre main par un porte-monnaie, une boîte de compas, etc., le profil des objets métalliques se projette vigoureusement en noir tandis que le cuir, le bois, sont à peine visibles.

Ce phénomène ne peut être dû aux rayons cathodiques eux-mêmes puisqu'ils sont arrêtés par le carton de la boîte où se trouve l'ampoule : Röntgen, le savant allemand qui l'observa pour la première fois (1895), l'attribua à des rayons de nature inconnue qu'il dénomma rayons **X**.

Depuis, un physicien français, M. J. Perrin, professeur à la Faculté des sciences à Paris, et aussi Röntgen lui-même expliquèrent le phénomème en l'attribuant à une transformation de l'*énergie de mouvement* des corpuscules cathodiques au moment où, animés de la grande vitesse que l'on sait, ils sont arrêtés brusquement par le verre de l'ampoule. Une partie de cette énergie se transforme en chaleur et échauffe l'ampoule, l'autre produit des vibrations de l'éther, non par un mouvement vibratoire régulier à la manière des ondes hertziennes (§ 163), mais par ondes isolées de période très courte, moins de $\dfrac{1}{10}$ de micron ([1]).

([1]) Le micron vaut $\dfrac{1}{1.000}$ de millimètre (voir *Cours de 2e année*, p. 240, note 2).

Il y aurait donc entre ces deux sortes d'ondes la même différence qu'entre le son uniforme produit par une cloche et le crépitement de la grêle sur les vitres.

171. Radioscopie. — Radiographie.

La propriété qu'ont les rayons X de traverser des substances opaques pour la lumière ordinaire a été utilisée en chirurgie et en médecine.

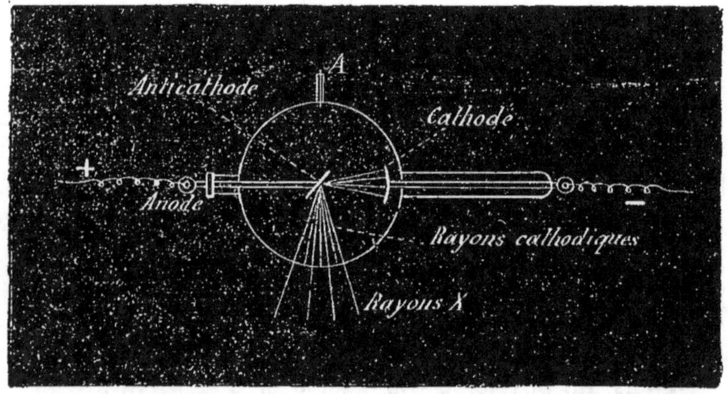

Fig. 109. — *Tube focus.* — Les rayons cathodiques sont réfléchis sur le côté par une anticathode. Les rayons X partent du verre.

Grâce à des perfectionnements apportés dans la construction des tubes de Crookes (tubes *focus*) (*fig.* 109), et de dispositifs spéciaux, on peut aisément explorer l'intérieur du corps humain, examiner la forme d'une fracture, contrôler sa réduction et suivre les progrès de la guérison à travers les bandages plâtrés (*fig.* 108).

On peut de même déterminer la situation d'un corps étranger (aiguille, balle de plomb, pièce de monnaie) introduit accidentellement dans les corps. L'estomac, les poumons, le cœur peuvent être également, dans une certaine mesure, observés et étudiés.

Une plaque de photographie enveloppée de papier noir mise à la place de l'écran de platinocyanure de baryum est impressionnée et donne, au développement, un cliché de la partie du corps qui était placée en regard. Ce cliché, tiré sur papier, fournit une épreuve photographique où les os sont indiqués par une ombre portée noire et les chairs par des teintes claires (*fig.* 107 et 108).

Ajoutons que les rayons X ne sauraient être manipulés sans précautions, car leur action prolongée peut amener des plaies graves.

RADIOACTIVITÉ

172. Rayons Becquerel.

En étudiant, en 1896, les propriétés fluorescentes d'un métal, l'uranium, un physicien français, M. Becquerel, découvrit qu'il émet *spontanément* des rayons ayant les mêmes propriétés que les rayons X, quoiqu'un peu moins pénétrants, et, comme eux, capables de décharger des corps électrisés.

Il existe toutefois entre la production des rayons X et celle des rayons Becquerel une différence troublante : tandis que les rayons X sont dus à une transformation de l'énergie électrique fournie au tube de Crookes, les rayons Becquerel semblent partir spontanément de la matière sans apport d'énergie extérieure. C'est là un fait en contradiction apparente avec cette grande loi de la physique qu'il n'y a jamais création ni destruction d'énergie, mais seulement transformation (§ 45).

173. Découverte du radium.

La publication des travaux de M. Becquerel suscita de nombreuses recherches qui amenèrent Mme Curie, physicienne remarquable, à reconnaître que la propriété d'émettre spontanément des *rayons actifs* semblables à ceux de l'uranium ou **radioactivité** appartenait à d'autres corps (thorium, polonium). C'est alors qu'aidée par M. Curie (¹), son mari, expérimentateur

(¹) M. Curie, savant physicien français remarquable (1859-1906), fut professeur à Paris, à l'Ecole municipale de physique et de chimie, puis à la Sorbonne.

de génie, elle fut amenée, au prix d'un labeur énorme ([1]), à découvrir le **radium**, chimiquement semblable au baryum, dont la radioactivité est un million de fois plus grande que celle de l'uranium.

174. Propriétés du radium.

Le radium est toujours obtenu sous la forme d'un de ses sels : bromure, chlorure, d'aspect cristallin ([2]). Ces cristaux luisent dans l'obscurité à la façon des vers luisants.

Tous les phénomènes produits par les tubes de Crookes : décharge des corps électrisés, illumination de corps variés, réduction des sels métalliques, radiographie, action physiologique, voire même plaies graves, sont reproduites par quelques décigrammes de sel de radium.

Autre phénomène étrange : les sels de radium dégagent spontanément de la chaleur : leur *température est continuellement supérieure de 1°,5 à celle du milieu environnant*, quelle que soit sa température propre ; 10 grammes de chlorure de radium dégagent 1 calorie par heure, soit 8.760 calories par an, de quoi faire fondre (Voir *Cours de 1re année*)

$$\frac{8.760}{79} = 110 \text{ grammes de glace,}$$

soit 11 fois leur poids.

([1]) Pour obtenir 2 à 3 décigrammes de bromure de radium il fallut traiter 1.000 kilogrammes de pechblende (oxyde impur d'uranium). Le prix de la matière première, autrefois infime, mais soudain élevé par cette découverte, puis les nombreuses manipulations qu'il faut lui faire subir, font ressortir le prix du radium dont il n'existe pas 10 grammes dans le monde entier, entre 350.000 et 400.000 francs le gramme.

([2]) Le 5 septembre 1910, Mme Curie et son collaborateur M. Debierne ont informé par lettre l'Académie des Sciences qu'ils étaient parvenus à isoler le radium *pur* en opérant sur l'un de ses composés par voie électrolytique. Le radium se présente sous la forme d'un métal blanc qui s'altère rapidement à l'air, en passant à l'état d'oxyde noir. Il brûle le papier, décompose énergiquement l'eau et adhère fortement au fer.

C'est à peu près tout ce que l'on sait pour le moment de ce corps mystérieux, car les auteurs, qui avaient opéré à l'aide de quelques décigrammes de sel de radium, n'ont obtenu qu'une faible parcelle de ce précieux métal, qu'ils se sont empressés d'enfermer dans un tube vide d'air et scellé à la lampe pour l'étudier à loisir et déterminer sa puissance radioactive.

Il y a mieux encore : on a reconnu qu'une dissolution de sel de radium laisse échapper une *émanation*, subtile comme un gaz, qu'on peut recueillir et concentrer dans un tube.

Or un physicien anglais illustre, W. Ramsay, reconnut, dans une expérience retentissante, que l'émanation du radium se *transforme*, en vase clos, *en un corps chimiquement défini*, l'hélium [1].

On assiste donc à la transformation d'un corps en un autre, fait qui ouvre en chimie une ère nouvelle.

175. Source de l'énergie du radium.

L'analogie profonde qui existe entre les phénomènes produits par le radium et par le tube de Crookes a conduit les physiciens à considérer le radium comme émettant spontanément des rayons identiques aux rayons cathodiques et aux rayons X.

De même que la projection des rayons cathodiques est due à la séparation violente de corpuscules sous l'action de l'énergie électrique, de même la projection des rayons radioactifs aurait lieu sous l'action de l'énergie mise en liberté, semble-t-il, par la dislocation des atomes de radium en état d'équilibre instable.

Ces récentes découvertes sur les rayons cathodiques et la radioactivité ont conduit les savants à émettre des hypothèses hardies sur la constitution de la matière [2], hypothèses intéressantes, mais dont l'exposé sortirait du cadre de cet ouvrage.

176. Expériences.— Produire des décharges dans les tubes de Geissler, à l'aide d'une bobine de Ruhmkorff.

Quant aux expériences avec le tube de Crookes, la production de rayons X, elles exigent une forte bobine de Ruhmkorff, un interrupteur extra-rapide, des tubes focus de prix élevé, bref une installation qu'on ne rencontre pas d'ordinaire dans les écoles primaires supérieures. Mais, aujourd'hui que se généralise l'*électrothérapie*, il ne manque pas de villes où des médecins spécialistes possèdent des appareils pour la production des rayons X et des courants de haute fréquence, et nous en connaissons d'assez obligeants pour ne pas refuser à des élèves d'écoles primaires supérieures la visite de leur installation.

[1] Voir *Cours de Chimie*, 1re année, § 78.
[2] Voir *Cours de Physique*, 2e année, p. 240, note 1.

CHAPITRE XIX

PHÉNOMÈNES FONDAMENTAUX D'ÉLECTRICITÉ STATIQUE

PLAN

Divers modes d'électrisation

1° Electrisation par frottement

a) Expériences avec verre, résine, etc. — Les corps frottés attirent les corps légers : on dit qu'ils sont *électrisés*.

b) Expériences avec cuivre, fer, etc. — Les corps frottés n'attirent pas les corps légers.

c) Expériences avec un métal tenu par un manche de verre ou de résine. — Le métal frotté s'électrise.

d) Conclusion — Tous les corps s'électrisent par le frottement. Les uns conservent l'électricité aux points où on l'a produite : *corps mauvais conducteurs*. Les autres laissent perdre leur électricité : *corps bons conducteurs*. Emploi des mauvais conducteurs comme *isolants*.

2° Electrisation par contact — Un corps bon conducteur s'électrise au contact d'un corps électrisé. Un corps mauvais conducteur s'électrise aussi, mais seulement aux points de contact.

Distinction de deux espèces d'électricité

1° Expériences

1° Approcher un bâton de verre électrisé du pendule : il y a attraction, contact, puis répulsion. Même chose avec bâton de résine.

2° Le pendule repoussé par le verre est attiré par la résine. De même le pendule repoussé par la résine est attiré par le verre.

3° Avec un corps électrisé quelconque, le résultat est toujours le même qu'avec la résine ou avec le verre.

2° Conclusion

A. Il y a deux sortes d'électricité et deux seulement : *électricité positive* et *électricité négative*.

B. Les électricités de même nom se repoussent. Les électricités de nom contraire s'attirent.

Quantités d'électricité

A. Mesure — Elle résulte de la possibilité de définir : 1° deux quantités égales d'électricité. 2° Une quantité 2, 3, 4, … fois plus grande qu'une autre.

B. Développement simultané des deux sortes d'électricité — Les deux sortes d'électricité se développent toujours simultanément et en quantités égales.

177. Électricité statique.

Dans les chapitres précédents, nous avons considéré l'électricité comme circulant à travers les corps conducteurs ; cette étude constitue celle de l'électricité en mouvement ou **électricité dynamique**. Pour expliquer d'une façon sommaire l'électricité atmosphérique, nous allons maintenant étudier succinctement quelques phénomènes où l'électricité se présente comme en état d'équilibre sur les conducteurs isolés ; on lui donne alors le nom d'**électricité statique**.

ÉLECTRISATION PAR FROTTEMENT

178. Attraction des corps légers.

Frottons avec une étoffe de laine ou une peau de chat un bâton de verre, de soufre, de résine, ou d'ébonite, une feuille de papier chauffée, un morceau de soie : ces corps acquièrent la propriété d'attirer les *corps légers*, tels que des barbes de plumes, de petits morceaux de papier. On dit qu'ils sont **électrisés**, et l'on appelle électricité (¹) la cause de nature inconnue qui produit cette attraction.

Il semble que certains corps ne puissent être électrisés ; ainsi une tige de fer ou de cuivre frottée n'attire pas les corps légers. Cette exception n'est toutefois qu'apparente, car si nous fixons la tige métallique à un manche de verre ou de résine tenu à la main, elle s'électrise dès qu'on la frappe avec une peau de chat.

Le phénomène est général : *tout corps peut être électrise par le frottement, quelle que soit sa nature.*

Les corps non électrisés sont dits à l'état neutre.

(¹) Électricité : du grec *electron* qui signifie *ambre*, l'ambre jaune étant la première substance avec laquelle on ait observé les phénomènes électriques.

179. **Corps bons conducteurs et corps mauvais conducteurs.**

Essayons d'expliquer pourquoi certains corps frottés ne peuvent attirer les corps légers quand ils sont tenus à la main. Frottons un bâton de verre à l'une de ses extrémités, on voit qu'il n'attire les corps légers qu'à la partie frottée, donc l'électricité reste à l'endroit où on l'a développée ; il en est de même avec le soufre, la résine, l'ébonite, le papier, la soie, employés dans la première expérience : on dit que ces corps sont **mauvais conducteurs de l'électricité.**

Au contraire, frottons en quelques points la tige de cuivre tenue par un manche de verre : aussitôt toutes les parties de la tige sont capables d'attirer les corps légers. Donc l'électricité développée en un point s'est propagée sur tout le cuivre : on dit que ce corps est **bon conducteur de l'électricité.**

Les métaux, le corps humain, la terre, les corps humides sont bons conducteurs de l'électricité.

Ce sont précisément les corps bons conducteurs qui n'attirent pas les corps légers quand ils sont tenus à la main, car l'électricité développée sur eux par le frottement se répand dans tout le corps, dans la main et le corps de l'opérateur, puis dans le sol ; il en reste ainsi une quantité insignifiante dans le conducteur.

Mais si le corps est tenu par un manche de verre ou d'une autre substance mauvaise conductrice, celle-ci empêche l'électricité du corps de passer dans la main. On dit que les corps mauvais conducteurs sont des **isolants** ; aussi, pour empêcher, par exemple, un corps métallique électrisé de se décharger, on l'entoure de corps mauvais conducteurs, air sec, paraffine, etc. : autrement dit, on l'isole.

Les isolants les plus employés sont : le verre, la résine, la paraffine, l'ébonite. Le verre et la résine isolent mal dans l'air humide, car ils condensent à leur surface de la vapeur d'eau qui les rend conducteurs. La paraffine, ou mieux divers mélanges de paraffine et de soufre, tels que la *dié-lectrine,* sont de parfaits isolants ; ils ont seulement l'inconvénient d'être peu résistants.

L'air sec, les vapeurs et les gaz sont mauvais conducteurs ; il n'en est pas de même pour l'air humide à cause des gouttelettes d'eau qui s'y trouvent en suspension.

180. Électrisation par contact.

Mettons en contact un corps électrisé tel qu'une feuille de papier et un conducteur non électrisé et isolé (cylindre de cuivre muni d'un manche de verre). Après l'expérience, le cylindre de cuivre est capable d'attirer les corps légers ; il s'est donc électrisé *au contact* de la feuille de papier, *sans frottement.*

Si, au lieu d'un corps métallique, on avait pris un corps mauvais conducteur tel qu'un bâton de cire, il ne se serait électrisé qu'aux points de contact.

181. Pendule électrique. — Distinction de deux espèces d'électricité.

Nous avons dit qu'un corps électrisé attire les corps légers. Pour rendre l'attraction sensible, quand le corps est peu électrisé, on emploie des appareils dits électroscopes. Le plus simple est le *pendule électrique,* constitué par un corps léger (le plus souvent une petite balle en moelle de sureau ou un fragment de papier très mince) suspendu

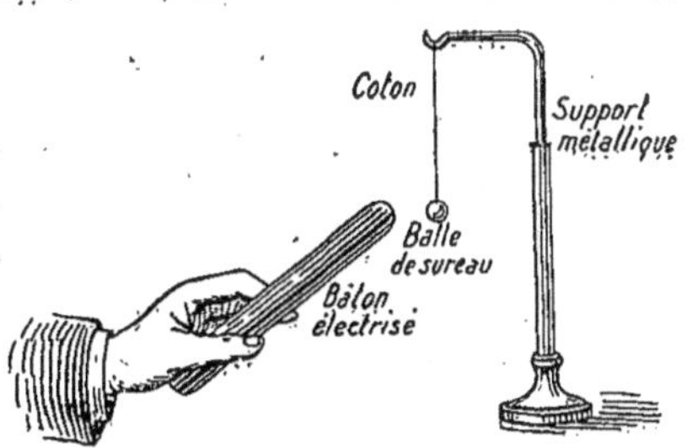

Fig. 140. — Pendule électrique non isolé. Attraction de la balle par un corps électrisé.

à un fil (*fig.* 140). On choisira ce fil bon ou mauvais conducteur, suivant que l'on voudra un pendule isolé ou non isolé.

Expérience avec un pendule conducteur. — Approchons d'un pendule conducteur un bâton de verre électrisé (*fig.* 110), la balle est attirée et reste accolée au corps. A mesure qu'elle se charge d'électricité au contact du corps, elle perd cette électricité par le fil et le support conducteurs.

Expériences avec un pendule isolé. — PREMIÈRE EXPÉRIENCE. — Répétons la même expérience avec un pendule isolé ; la balle est attirée par le verre, le touche, mais elle est aussitôt repoussée et s'éloigne à mesure qu'on en approche le bâton.

Si, au lieu du verre, on avait pris un corps quelconque, le résultat aurait été le même ; une attraction se serait produite, suivie d'un contact, puis d'une répulsion.

DEUXIÈME EXPÉRIENCE. — Recommençons la première expérience, après avoir touché la balle de sureau pour la charger ; lorsque le pendule est repoussé par le verre, si l'on en approche un bâton de résine électrisé, la balle de sureau est aussitôt attirée.

Ainsi, repoussée par le verre, la balle du pendule est attirée par la résine. De même, repoussée par la résine, elle est attirée par le verre.

Nous en concluons que l'électricité du verre et celle de la résine sont différentes par leurs effets ; on convient d'appeler : la première, électricité positive (et on la représente souvent par le symbole +) ; la seconde, électricité négative (on la représente par le symbole —).

TROISIÈME EXPÉRIENCE. — Prenons deux pendules dont l'un est repoussé par le verre, l'autre par la résine. Approchons de chacun d'eux un corps électrisé quelconque ; ce corps, quel qu'il soit, a toujours pour effet d'attirer l'une des balles et de repousser l'autre. Il se comporte donc soit comme la résine, soit comme le verre électrisés.

La paraffine, la cire, le soufre, la soie, le papier s'électrisent négativement quand on les frotte avec du drap pou une peau de chat, tandis que la peau de chat ou le drap employés s'électrisent positivement. *En résumé, il y a deux espèces d'électricité (électricité positive et électricité négative), et il n'y en a que deux.*

182. Attractions et répulsions électriques.

Chaque fois que le pendule isolé touche un corps électrisé, il lui emprunte une partie de son électricité, et il la conserve puisqu'il est isolé. Un pendule qui vient de toucher le bâton de verre est donc électrisé positivement; or nous constatons qu'il est repoussé par le verre (première expérience).

Donc deux corps chargés d'électricités de même nom se repoussent.

Par contre, le pendule chargé d'électricité positive est attiré par la résine, électrisée négativement (deuxième expérience).

Donc deux corps chargés d'électricités de noms contraires s'attirent.

183. Électroscope à feuilles.

La répulsion qui s'exerce entre deux corps chargés d'électricité de même nom sert dans l'électroscope à feuilles à reconnaître si un corps est électrisé, même faiblement. Imaginons deux feuilles très minces d'or ou d'aluminium, suspendues à une tige de laiton isolée par de la paraffine et surmontée d'une boule B (*fig.* 110 *bis*). Un flacon de verre soutient l'ensemble et protège les feuilles contre les chocs et les courants d'air.

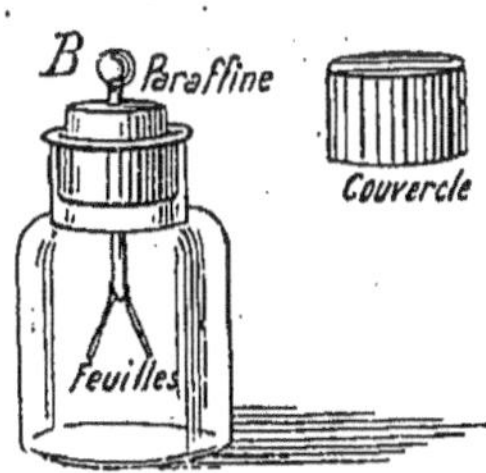

Fig. 110 *bis*. — Électroscope à feuilles d'or de M. Boudréaux.

Si l'on touche la boule B avec un corps électrisé, elle se charge par contact, l'électricité se répand dans la tige et dans les feuilles bonnes conductrices et celles-ci divergent. L'électroscope à feuilles est beaucoup plus sensible que les pendules.

184. Quantités d'électricités.

Dans les paragraphes précédents, nous avons employé les expressions : *corps qui cède une partie de son électricité, électricité qui passe d'un corps dans un autre*, etc. C'est admettre, sans d'ailleurs rien préjuger sur sa nature, que l'électricité est une **grandeur**, puisqu'elle est capable d'augmentation ou de diminution.

Elle est de plus une **grandeur mesurable** ; comme pour l'électricité dynamique, on a pu définir, à l'aide d'expériences que nous ne décrirons pas, ce qu'on entend par deux quantités égales d'électricité, et une quantité 2, 3, 4 fois plus grande qu'une autre.

Cela posé, il nous sera permis désormais d'employer l'expression de **quantité d'électricité**.

185. Développement simultané des deux électricités.

Lorsqu'on frotte un bâton de verre avec un morceau de drap, on n'observe d'électricité que sur le verre. Mais, le drap étant bon conducteur, il est possible qu'il se soit électrisé et que cette électricité se soit répandue dans le sol par la main.

Pour savoir si les deux espèces d'électricité se développent simultanément, il faut donc isoler le drap. A cet effet, on utilise deux disques, l'un de verre, l'autre de bois recouvert de drap, et tenus par des manches isolants (*fig.* 111).

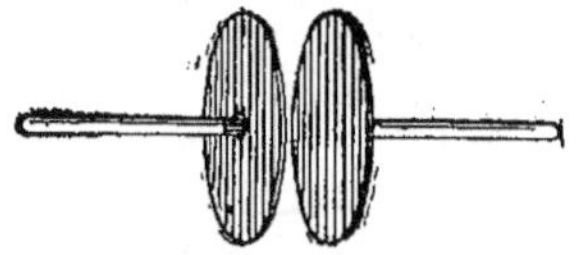

Fig. 111. — Les deux électricités se développent toujours simultanément.

Frottés l'un contre l'autre, et approchés *séparément* d'un pendule non électrisé, ils l'attirent.

On peut constater de plus que le verre est chargé positivement et le drap négativement (§ 181).

Le résultat est le même si on remplace le verre et le drap par d'autres corps.

Première conclusion. — *Les deux électricités se développent toujours simultanément.*

Bien plus, les deux disques frottés, mis en contact et approchés en même temps d'un pendule, n'ont aucune action sur lui.

Deuxième conclusion. — *Les quantités d'électricité produites sont égales.*

Enfin, séparés après le contact, les disques ne sont plus électrisés ni l'un ni l'autre.

Troisième conclusion. — *Quand on met en contact deux corps chargés de quantités égales d'électricités de noms contraires, les deux électricités disparaissent ou, comme on dit, se neutralisent et le corps revient à l'état neutre* ([1]).

Donc un corps à l'état neutre peut être considéré comme chargé de quantités égales d'électricités de noms contraires.

On peut résumer ainsi les conclusions précédentes :

Il est impossible de produire ou de faire disparaître une certaine espèce d'électricité sans produire ou faire disparaître en même temps une quantité égale d'électricité de nom contraire.

186. Expériences. — Pour réussir les expériences d'électrisation par frottement, il est indispensable d'employer des corps *très secs* : on électrise par exemple un *verre de lampe* chauffé fortement au préalable sur une lampe à alcool (*fig.* 112).

On peut d'ailleurs rendre d'abord le verre plus électrique en le *lavant à froid* avec du pétrole, puis en l'essuyant avec soin, avant de le chauffer.

De même, au lieu d'un bâton de résine, on pourra employer

([1]) Ce contact est toujours précédé d'une étincelle, parfois très peu visible. Nous étudierons plus loin ce phénomène (§ 191).

un verre de lampe recouvert sur la moitié de sa surface par de la résine ou de la cire (on donne à ce corps une épaisseur de 1 centimètre environ). On le chauffera comme précédemment pour sécher la résine (sans attendre toutefois que celle-ci fonde).

Expériences pour reconnaître si un corps est conducteur.

a) *Fil métallique.* — Deux personnes **A**, **B** se placent sur des tabourets isolés du sol par du verre (il suffit de placer les pieds du tabouret dans d'épais verres à boire); elles tiennent le fil métallique chacune par une extrémité, l'une **A** touche le bouton de l'électroscope; on frappe l'autre **B** avec une peau de chat; les feuilles d'or s'écartent. *Donc le fil métallique est bon conducteur.*

Fig. 112. — Moyen de chauffer un verre de lampe avant de l'électriser.

Même expérience avec d'autres fils (fils de soie, de lin, etc.).

b) *Eau.* — Les deux personnes plongent le doigt dans un verre plein d'eau. Les feuilles d'or divergent quand on frappe la personne **B** avec une peau de chat. Donc l'eau est bonne conductrice.

c) *Bâtons de résine, de verre, de métal, etc.* — Mêmes expériences que ci-dessus.

Pendules. — Pour avoir un bon pendule conducteur, on le construit avec un fil métallique. Pour un pendule isolé on utilise un fil mauvais conducteur (3 ou **4** *fils de soie grège*).

On peut construire un pendule excellent en employant une feuille de papier à cigarettes au lieu d'une balle de sureau.

CHAPITRE XX

PHÉNOMÈNE DE L'INFLUENCE

PLAN

Expériences montrant l'influence	1re Expérience	Corps S chargé positivement. En approcher un corps AB neutre. Il se charge d'électricité négative dans la région la plus proche A, d'électricité positive dans la région la plus éloignée B. Si on éloigne S, le corps AB revient à l'état neutre.
	2e Expérience	Mettre au sol un point quelconque du corps AB, puis supprimer la communication avec le sol et enlever le corps S. AB reste chargé *négativement*, c'est-à-dire d'électricité de nom contraire à celle de la source.
	3e Expérience	Recommencer la première expérience, mais approcher de plus en plus AB du corps S. Une *étincelle jaillit* entre ces deux corps, et le corps AB reste chargé d'électricité positive, c'est-à-dire de même nom que celle de la source.
	4e Expérience	Le corps AB est une pointe. Si on la tient à la main et qu'on l'approche du corps S, elle laisse écouler son électricité négative, qui neutralise celle du corps S. *Elle décharge donc ce corps.*
Applications de l'influence	Électroscope	Son emploi pour reconnaître la nature de l'électricité d'un corps S ; le charger positivement, par exemple, puis approcher S *de loin et lentement*. Si les feuilles divergent davantage, S est chargé positivement. Si les feuilles divergent moins, S est chargé négativement.

187. Nous avons vu qu'on peut électriser un corps par frottement (§ 178) ou par contact (§ 180). On peut aussi développer l'électricité sur un corps en le plaçant au voisinage d'un autre corps électrisé : c'est l'électrisation par influence ou par induction. Le corps préalablement électrisé est le *corps influençant* ou *inducteur*; l'autre est le *corps influencé* ou *induit*.

188. Première expérience.

Soit une sphère métallique S, isolée et chargée d'électri-

cité positive (*fig.* 113). Approchons-la d'un cylindre métallique **AB**, isolé
également, mais
non électrisé, et
muni d'une série de
doubles pendules
conducteurs. Les
pendules des extré-
mités **A**, **B**, divergent, ceux de la ré-
gion médiane restent
immobiles. On cons-
tate en outre, au
moyen d'un bâton
de résine ou de verre

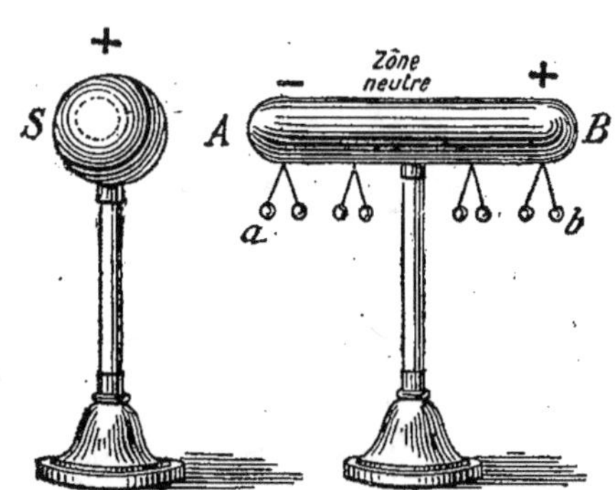

Fig. 113. — Influence d'une sphère électrisée
sur un cylindre isolé.

frotté (§ 181), que l'extrémité **A** est chargée négativement,
l'extrémité **B** positivement. La région non électrisée, un
peu plus rapprochée de **A** que de **B**, porte le nom de *ligne
neutre*.

Eloignons la sphère S; le cylindre revient à l'état
neutre.

Conclusion. — *L'électricité négative et l'électricité positive développées sur le cylindre sont en quantités égales.*

Le fait précédent est général ; **un corps bon conducteur
s'électrise par influence au voisinage d'un corps électrisé.** Il
se charge toujours de deux quantités égales d'électricité,
l'une de nom contraire dans la partie la plus rapprochée de
la source, l'autre de même nom dans la partie la plus éloi-
gnée. On comprend facilement cette distribution : l'électricité du corps influençant repousse le plus loin possible
l'électricité de même nom qu'elle, et attire le plus près
possible l'électricité de nom contraire.

On retrouve dans l'influence le fait général indiqué au
paragraphe 185. On ne peut produire une espèce d'électricité sans en produire une quantité égale de nom contraire.

189. Deuxième expérience.

Le cylindre étant approché de la sphère, touchons-le avec le doigt (*fig.* 114). Les pendules *b* retombent, tandis que les pendules *a* divergent davantage, et cela quel que soit le point touché, ce point fût-il en A (¹) ou dans la zone neutre. Le phénomène s'explique ainsi : en touchant un point du cylindre, l'électricité de *même nom* que celle de la sphère, repoussée le plus loin possible, passe dans le corps de

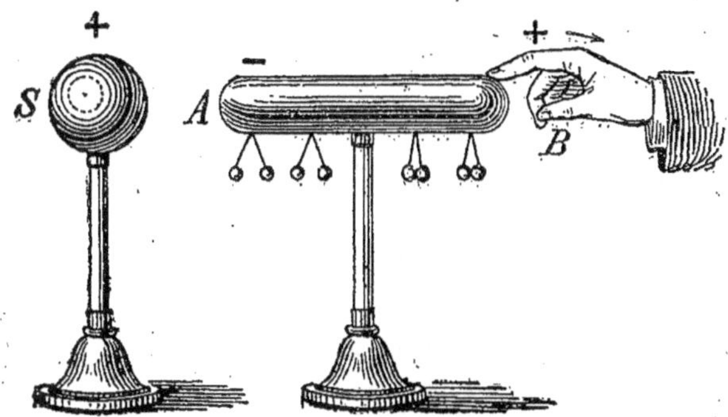

Fig. 114. — Influence d'une sphère électrisée sur un cylindre communiquant avec le sol.

l'opérateur et dans le sol. Le cylindre reste donc chargé d'une seule électricité, négative dans ce cas, et se charge davantage.

Supprimons la communication avec le sol puis enlevons la sphère ; tous les pendules divergent, et tout le cylindre est chargé négativement. L'électricité, qui s'était accumulée en A, grâce au voisinage de la sphère, s'est donc répandue sur tout le cylindre.

Moyen de charger un corps d'électricité de **nom contraire**

(¹) Nous verrons l'utilité de ce fait dans l'emploi de l'électroscope à feuilles (§ 194).

à celle de l'inducteur : on l'approche de l'inducteur, on le touche avec le doigt, on enlève le doigt puis l'inducteur.

190. Troisième expérience.

Reprenons le cylindre non chargé et approchons-le progressivement de la sphère : à un moment, une étincelle jaillit entre la sphère et l'extrémité **A** du cylindre, pendant que les pendules de la région **A** retombent et que ceux de l'extrémité **B** divergent davantage. En éloignant alors la sphère, on trouve que tout le cylindre est chargé positivement.

191. Explication.

L'électricité négative de **A** a neutralisé une quantité égale d'électricité positive de la sphère, en produisant une étincelle ; donc la sphère s'est partiellement déchargée, tandis que le cylindre n'a conservé que son électricité positive en quantité égale à celle dont s'est déchargée la sphère.

Tout se passe donc comme si une partie de l'électricité de la sphère était passée sur le cylindre, c'est-à-dire comme si on avait chargé celui-ci par contact.

Moyen de charger un corps d'électricité de même nom *que celle de l'inducteur :* on rapproche les corps jusqu'à la production d'une étincelle, puis on les éloigne.

192. Remarque.

Des expériences ont montré que la quantité d'électricité développée par influence est toujours inférieure à celle de l'inducteur, sauf dans le cas particulier où le corps influencé entoure complètement l'influençant. Dans ce cas les charges sont égales.

193. Pouvoir des pointes par influence.

Un conducteur électrisé et isolé ne conserve pas longtemps son électricité ; l'expérience montre que celle-ci a une tendance à s'échapper. Ce phénomène, appelé *tension électrique*, est d'autant plus marqué que le corps est plus effilé. Alors que sur une sphère l'électricité est répandue uniformément, sur les corps ayant des parties allongées ou aiguës, elle s'accumule dans ces régions; en particulier, si le conducteur électrisé possède une pointe, son électricité s'écoule par cette pointe. Ceci posé, si l'on *approche* d'une sphère S chargée positivement une pointe métallique tenue à la main (*fig.* 115), l'influence se produit sur cette tige comme elle se produirait sur le cylindre AB. L'électricité positive s'en va dans le sol; mais l'électricité négative de la pointe s'écoule de façon continue jusqu'à ce qu'elle ait neutralisé la sphère.

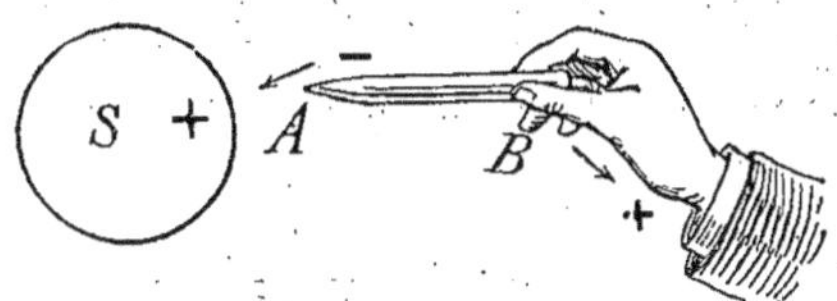

Fig. 115. — Influence d'un corps électrisé S sur une pointe AB : non seulement la pointe ne se charge pas, mais encore elle décharge le corps S.

Conclusion. — *Les pointes en communication avec le sol déchargent les corps électrisés situés dans leur voisinage.*

Cette propriété a reçu une application importante dans le paratonnerre (§ 202).

194. Emploi de l'électroscope pour reconnaître les corps électrisés et le signe de leur charge.

Pour reconnaître si un corps est électrisé, il n'est pas nécessaire de le mettre *en contact* avec le bouton d'un électroscope. On peut tout aussi bien l'en approcher seulement. Si le corps est chargé, il attire dans la boule de l'électroscope de l'électricité de nom contraire à la sienne, et il repousse de l'électricité de même nom dans les feuilles qui divergent.

On peut aussi utiliser l'électroscope pour reconnaître le signe de la charge d'un corps. On le charge d'une électricité connue, positive par exemple ; il suffit pour cela d'en approcher un bâton de résine (§ 181) (*fig.* 116, **A**), de toucher la boule de l'électroscope avec le doigt (**B**) et d'enlever en même temps le doigt et le bâton de résine (**C**). Cela fait, on approche *de loin et lentement* (¹) le corps électrisé. Si la divergence des feuilles augmente, c'est que le corps est chargé positivement, car par influence il a repoussé dans les feuilles de l'électricité de même nom que la sienne ou positive (**D**). Si la divergence des feuilles diminue, c'est

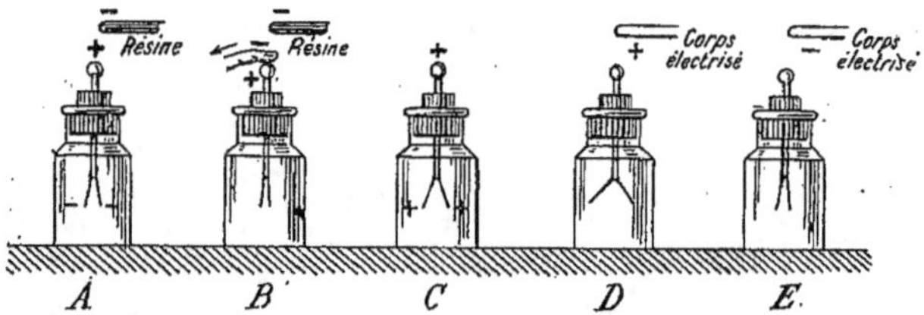

Fɪɢ. 116.— Recherche du signe de l'électrisation d'un corps.

que le corps est chargé négativement, car par influence il a repoussé dans les feuilles de l'électricité négative, qui a neutralisé en partie leur électricité positive (**E**).

195. Expériences. — Réaliser les expériences d'influence : On peut, aussi, tout simplement, montrer l'influence exercée par un corps électrisé sur un électroscope. Sa tige remplace le cylindre influencé, ses feuilles d'or remplacent les doubles pendules du cylindre.

Faire reconnaître par les élèves la nature de l'électricité de divers corps au moyen d'un électroscope.

(¹) Il est indispensable d'approcher le corps électrisé *de loin et lentement*, car supposons qu'on l'approche brusquement et qu'il soit chargé d'électricité négative, alors que l'électroscope est chargé positivement. Par influence, il repousse dans les feuilles une grande quantité d'électricité négative, qui peut être suffisante pour neutraliser l'électricité positive des feuilles, puis pour les charger négativement et les faire diverger de nouveau. Dans ce cas, le rapprochement des feuilles sera si vite suivi d'une divergence qu'on pourra n'observer **que celle-ci** et conclure à tort que le corps est chargé positivement.

CHAPITRE XXI

ÉLECTRICITÉ ATMOSPHÉRIQUE

PLAN

Existence d'électricité dans l'air	Appareil employé pour la déceler : Electroscope muni d'une longue tige pointue remplaçant la boule.	
	Résultats des observations	*Temps serein* : atmosphère chargée positivement.
		Temps couvert : atmosphère et nuage, chargés tantôt positivement, tantôt négativement.
Étude de la foudre	Foudre	La *foudre* est la décharge électrique.
		L'*éclair* est l'étincelle.
		Le *tonnerre* est le bruit de la décharge.
		La décharge a lieu, soit entre deux nuages, soit entre un nuage et le sol.
	A. Éclair	Longueur considérable.
		Durée extrêmement courte : $\dfrac{1}{100.000}$ de seconde.
	B. Tonnerre	Bruit sec quand la foudre tombe près de l'observateur.
		Bruit prolongé quand la décharge est éloignée.
		Roulements dus aux échos.
	C. Effets de la foudre	Sont analogues à ceux d'une bobine de Ruhmkorff, mais beaucoup plus violents : métaux échauffés, fondus ou volatilisés (*effets calorifiques*), combinaisons dans l'air (*effets chimiques*), corps rompus, tordus, déchirés (*effets mécaniques*), êtres vivants paralysés ou tués (*effets physiologiques*).
Paratonnerres	*A.* Paratonnerre de Franklin	*Principe*

Surmonter la maison d'une tige *pointue en relation avec le sol*. Influence exercée par un nuage chargé positivement, par exemple.

L'électricité positive se rend dans le sol, l'électricité négative s'accumule dans la pointe, et deux cas se présentent :

1° Elle neutralise *peu à peu* celle du nuage, sans étincelle : effet *préventif* du paratonnerre.

2° Elle neutralise *brusquement* le nuage, avec étincelle : la foudre tombe sur le paratonnerre, mais non sur la maison, qui est ainsi protégée : effet *préservatif* du paratonnerre.

Paratonnerres (Suite)	A. Paratonnerre de Franklin (Suite)	Conditions d'un bon fonctionnement	Tige pointue. Bonne relation avec le sol. Bonne relation avec les grosses pièces métalliques de la maison.
	B. Paratonnerre de Melsens	Principe	Entourer la maison d'une *enceinte métallique reliée au sol ;* le nuage électrisé attire, par influence, de l'électricité de nom contraire sur la paroi externe de l'enceinte et repousse de l'électricité de même nom dans le sol, la maison ne se charge donc pas.
		Description	Enceinte non continue, constituée par un faisceau de barres de fer horizontales et verticales reliées entre elles. On les relie souvent à des pointes placées au sommet de la maison et jouant le rôle de petits paratonnerres de Franklin.

196. La foudre est un phénomène électrique.

Franklin montra le premier que la foudre n'est pas autre chose qu'une puissante décharge électrique. Il lança dans l'air un cerf-volant terminé par une pointe et retenu par une corde munie à sa partie inférieure d'un cordon de soie.

La corde ayant été mouillée par la pluie et rendue ainsi conductrice, il en put tirer de longues étincelles électriques par les temps orageux.

197. Existence d'électricité dans l'air.

Ce n'est d'ailleurs pas seulement en temps d'orage que l'atmosphère est électrisée. Si l'on place dans un endroit découvert un électroscope portant une longue pointe métallique (*électroscope de Saussure, fig.* 117), on observe une divergence des feuilles en tout temps. De

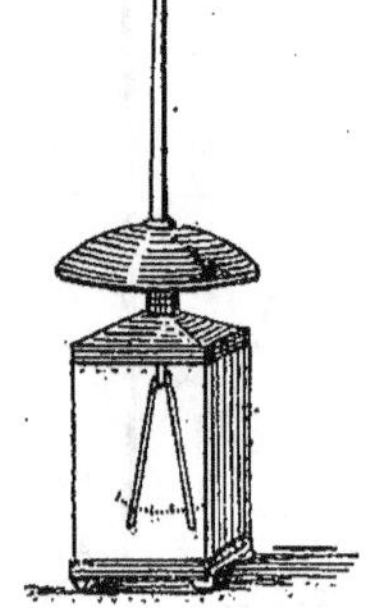

Fig. 117. — Électromètre de Saussure.

plus, quand le temps est couvert, l'atmosphère est chargée *tantôt positivement, tantôt négativement;* mais, si le ciel est serein, l'électroscope possède toujours une charge positive. Donc l'atmosphère est **chargée positivement**.

Tout se passe en général comme si la surface de la terre était chargée d'électricité négative. On conçoit alors que les nuages puissent être électrisés :

1° Un nuage qui se forme sur la pente d'une montagne se charge par contact, négativement;

2° Un nuage placé au voisinage de la terre est soumis à son influence; il se charge d'électricité négative à sa partie supérieure, d'électricité positive à sa partie inférieure. Si un coup de vent les sépare en deux, il forme deux nuages électrisés différemment.

Lorsque deux nuages chargés d'électricités contraires présentent une forte différence de potentiel, une étincelle peut jaillir entre eux, parfois à plusieurs kilomètres de distance, on dit que la foudre éclate : l'étincelle s'appelle éclair, le bruit qui l'accompagne est le tonnerre. La décharge peut avoir lieu aussi entre un nuage et un objet placé sur le sol, un arbre par exemple : le nuage attire de l'électricité de nom contraire à la sienne dans les parties les plus voisines de l'arbre et repousse de l'électricité de même nom. Lorsque l'électricité du nuage se combine à celle de l'arbre, on dit que la *foudre tombe*. On comprend que la décharge ait lieu de préférence sur les arbres, les édifices élevés, surtout s'ils sont pointus.

198. Éclair.

L'éclair est très ramifié, comme l'étincelle des fortes machines électriques. Sa longueur atteint souvent plusieurs kilomètres; on explique cette grande longueur non pas seulement par l'énorme différence de potentiel des nuages, mais aussi par l'existence de gouttelettes d'eau intermédiaires, bonnes conductrices, entre lesquelles jaillissent simultanément des étincelles.

La durée de l'éclair est extrêmement courte, de l'ordre du $\frac{1}{100.000}$ de seconde : un cheval au galop paraît immobile pendant le temps que brille l'éclair.

199. Tonnerre.

Le tonnerre est un bruit analogue à celui qui accompagne l'étincelle des machines électriques. Parfois on entend le tonnerre au moment où on voit l'éclair; c'est dans le cas où la foudre

Fig. 118. — Les sons provenant de divers points de l'éclair n'arrivent pas en même temps en un point de la terre.

tombe tout près de l'endroit où l'on se trouve, alors le bruit du tonnerre est sec. Le plus souvent, la foudre éclate à une certaine distance; il s'écoule dans ce cas quelques secondes entre la lueur de l'éclair et le bruit du tonnerre. Cela tient à la vitesse considérable de propagation de la lumière; on peut donc admettre qu'on voit l'éclair juste au moment où il se produit. Au contraire, le son ne parcourt que 340 mètres à la seconde : il met par suite un certain temps à nous parvenir. On peut connaître facilement la distance à laquelle on se trouve d'un orage en évaluant le nombre de secondes qui s'écoulent entre le moment de la production de l'éclair et celui de l'arrivée du son : si l'on compte cinq secondes, par exemple, entre l'éclair et le tonnerre, c'est que cette distance est 5 fois 340 mètres.

Le bruit du tonnerre est en général un roulement plus

ou moins prolongé. Ceci s'explique encore par la lenteur avec laquelle le son se propage ; car, si l'éclair a plusieurs kilomètres de long, le son n'arrive pas en même temps des divers points de l'éclair (*fig.* 118) ; on entend donc une série continue de sons. Dans les montagnes, le grondement du tonnerre est encore prolongé par les échos.

200. Effets de la foudre.

La foudre produit des effets analogues à ceux d'une bobine de Ruhmkorff étudiés précédemment, mais ils sont infiniment plus violents. Elle échauffe, fond ou volatilise les métaux, enflamme les matières combustibles, et provoque ainsi des incendies. Elle suit de préférence les corps conducteurs, c'est pourquoi il faut éviter en temps d'orage de se placer près de masses métalliques (fenêtres, machines à coudre).

Elle tord, rompt, brise ou emporte les corps mauvais conducteurs : les arbres, les murs, les toitures des maisons, les rochers.

Elle transforme l'oxygène en ozone, combine dans l'air l'azote à l'oxygène, etc.

Elle tue ou paralyse les êtres vivants. Parfois aussi ceux-ci sont tués sans être directement frappés par la foudre : c'est ce qu'on appelle le *choc en retour*. Ce phénomène s'explique ainsi : le corps de l'homme et des animaux est chargé, comme tous les objets du voisinage, par l'influence d'un nuage électrisé placé au-dessus d'eux. Si le nuage se décharge sur un objet, son influence cesse ; toute l'électricité accumulée dans le corps de l'homme ou des animaux se répand brusquement dans le sol, et produit les mêmes effets qu'une décharge directe.

201. Précautions à prendre en temps d'orage.

Il est imprudent de rester pendant un orage sous de grands arbres ou dans des édifices élevés, car ce sont les points de la terre qui, le plus rapprochés des nuages, se chargent le plus par influence et sur lesquels tombe de préférence la foudre (pour cette raison il y a danger à sonner les cloches d'une église). Si la foudre tombe sur l'arbre, au moment où, en suivant le tronc, elle arrive à la hauteur de la tête de la personne, elle passe dans celle-ci, car le corps humain est meilleur conducteur que le bois. Il faut éviter le voisinage de grosses masses métalliques, car elles se chargent beaucoup plus que les parties mauvaises conductrices.

Quant aux faits de ne pas courir en temps d'orage, de tirer des coups de canon en l'air, etc., ce sont autant de précautions illusoires.

PARATONNERRES

202. Paratonnerre de Franklin.

Le paratonnerre de Franklin repose sur le pouvoir des pointes. Imaginons une longue tige métallique terminée en pointe, placée sur le toit d'une maison et mise en communication avec le sol par un gros câble métallique. Si un nuage électrisé, chargé positivement par exemple, passe au-dessus du paratonnerre (*fig.* 119), il agit sur lui par influence, repousse dans le sol de

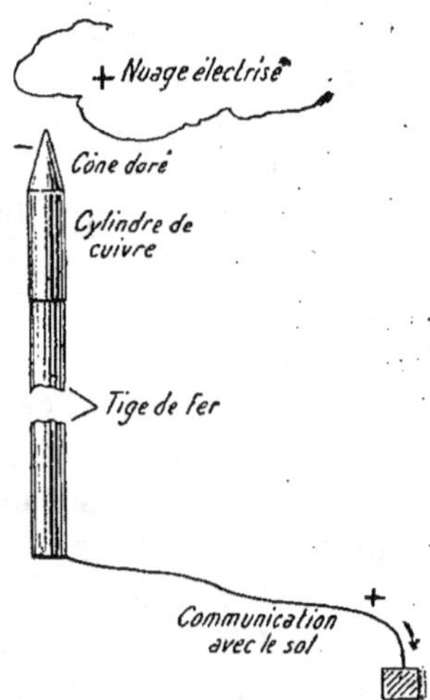

Fig. 119. — Fonctionnement d'un paratonnerre.

l'électricité positive et attire dans la pointe de l'électricité négative. Celle-ci s'en échappe de façon continue et neutralise peu à peu le nuage (§ 183). Ce nuage finit par prendre le potentiel du sol sans qu'il y ait eu d'étincelle. Le paratonnerre joue donc un rôle **préventif** contre la foudre.

Quelquefois cependant le nuage arrive trop brusquement au-dessus du paratonnerre, ou bien il est à un potentiel trop élevé pour que l'électricité de la pointe le neutralise lentement. Alors l'étincelle éclate. Mais, dans ce cas, elle se produit de préférence entre le nuage et le paratonnerre, **qui est la partie la plus élevée de l'édifice**, et l'électricité s'écoule dans le sol par le chemin le meilleur conducteur qui lui est offert, c'est-à-dire par le câble métallique; la foudre, en tombant, ne produit donc sur la maison aucun dommage. Le rôle du paratonnerre est ici **préservatif**(¹), *mais à la condition expresse que ses communications avec le sol soient bien établies.*

On admet dans la pratique que la zone protégée par un paratonnerre s'étend tout autour de son pied à une distance double de sa hauteur (celle-ci varie de 5 à 10 mètres).

203. Conditions du fonctionnement d'un paratonnerre.

D'après ce qui précède, pour qu'un paratonnerre soit efficace, il doit remplir les conditions suivantes :

1° Être placé au sommet le plus élevé de la maison qu'il doit protéger;

2° Être terminé par une pointe qui ne fonde pas sous la chaleur d'une étincelle électrique. A cet effet la tige en fer du paratonnerre est surmontée d'un cône de cuivre doré;

3° Être en parfaite communication avec le sol; le mieux est d'employer un gros câble de fer dont l'extrémité plonge dans l'eau d'un puits ou dans un trou rempli de braise de boulanger. Si la communication est mauvaise, le paratonnerre, loin d'être utile, est dangereux, puisqu'il *attire*

(¹) Remarquons que la foudre tombe plus souvent sur une maison munie d'un paratonnerre que sur d'autres maisons. Ceci se comprend d'ailleurs facilement, car le paratonnerre élevé et pointu se charge beaucoup. On arrive donc à cette conclusion qui peut paraître bizarre : pour protéger une maison de la foudre, on *attire la foudre* sur elle.

la foudre sur la maison (§ 202, note 1);

4° Être en parfaite communication avec toutes les grosses pièces métalliques du bâtiment. Sinon une étincelle pourrait jaillir, soit entre le conducteur du paratonnerre et ces pièces, soit entre elles et le nuage (*fig.* 120).

204. Paratonnerre de Melsens.

Imaginons une cage métallique en communication avec le sol (*fig.* 121). Tout corps électrisé C placé à l'extérieur n'a aucune action sur les corps situés dans l'intérieur de la cage, car l'électricité de C attire de l'électricité de nom contraire dans la paroi externe de la cage et repousse de l'électricité de même nature dans le sol. Aucune influence ne s'exerce donc sur les corps tels que B. Il n'est même pas nécessaire que la cage soit continue et fermée : un simple grillage entre le corps électrisé et le corps neutre (*fig.* 122) suffit pour empêcher l'influence. Il en résulte un moyen efficace de

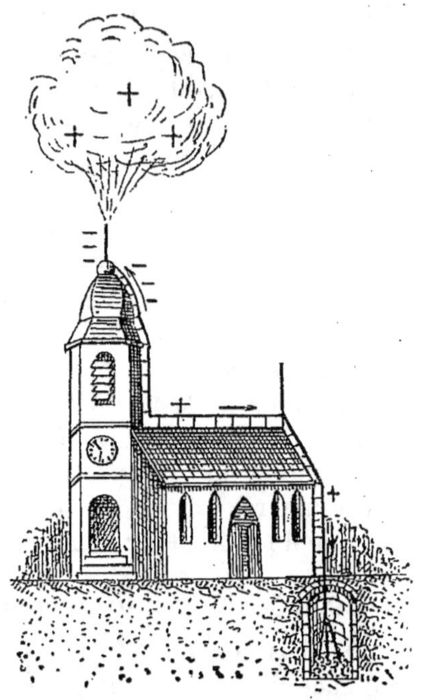

Fig. 120. — Paratonnerre de Franklin.

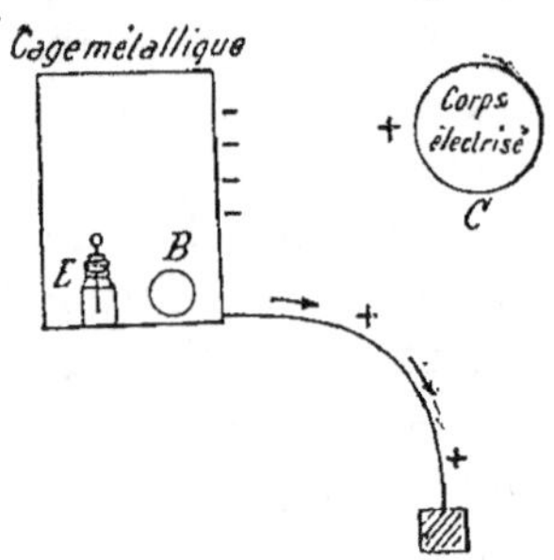

Fig. 121. — La cage métallique protège les corps **B**, **E**, contre l'influence du corps électrisé **C**.

protéger une maison contre la foudre : on l'entoure d'une
carcasse métallique reliée au sol, d'un faisceau de barres
de fer verticales et horizontales par exemple (*fig.* 123). Tel

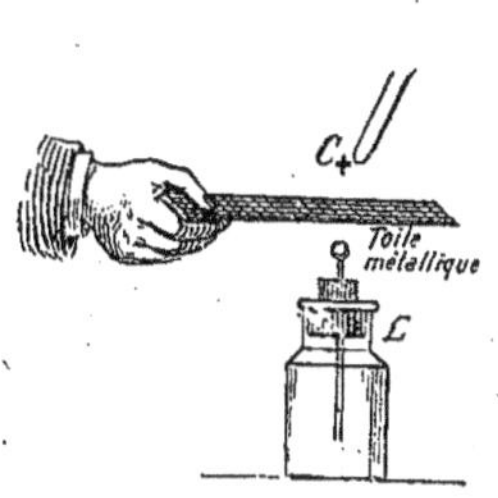
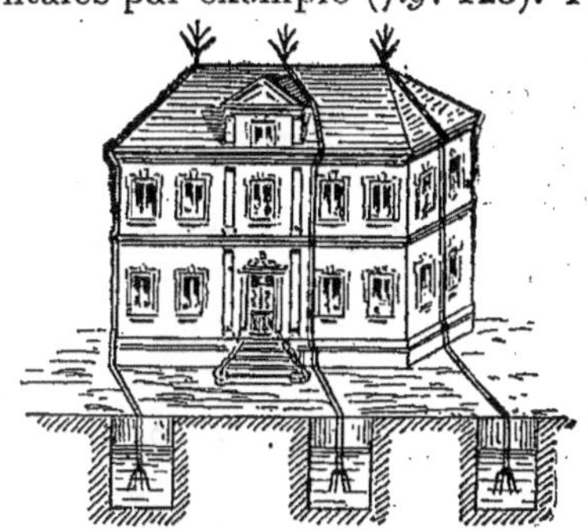

FIG. 122. — L'électroscope
n'est pas électrisé par
l'influence du corps C,
dont il est séparé par
une toile métallique.

FIG. 123. — Installation
d'un paratonnerre de Melsens.

est le principe du paratonnerre de Melsens. Comme pour le
paratonnerre de Franklin, on relie la carcasse métallique à
toutes les grosses pièces conductrices de l'édifice, en particulier aux tuyaux de conduite d'eau et de gaz.

Pour rendre le paratonnerre encore plus efficace, on relie
les barres métalliques, sur le faîte de la maison, à des fais-
ceaux de tiges pointues, qui agissent comme autant de
petits paratonnerres de Franklin.

TABLEAU

DES PRINCIPALES *UNITÉS PHYSIQUES* CITÉES

DANS CET OUVRAGE

Unité de longueur..	*Centimètre.*
Unité de masse.....	*Gramme.*
Unité de force......	*Dyne.*
Unités de travail ...	*Erg.* *Joule* = 10.000.000 ergs. *Kilogrammètre* = 9 joules 81.
Unités de puissance.	*Watt* = 1 joule par seconde. *Hectowatt* = 100 watts. *Kilowatt* = 1.000 watts. *Cheval-vapeur* = 75 kilogram-mètres par sec. = 736 watts. *Poncelet* = 100 kilogrammètres par sec. = $1^{\text{ch.-v.}}\frac{1}{3}$.
Unité de chaleur....	Petite calorie; équivaut à 0 kilo-grammètre 425 ou à 4 joules 17.
Unité pratique de quantité d'électri-cité	*Coulomb* = quantité d'électricité capable de déposer $1^{\text{mg}},118$ d'argent.
Unité d'intensité ...	*Ampère* = 1 coulomb par se-conde.
Unité de résistance.	*Ohm* = résistance d'une colonne de mercure de $1^{\text{mm}2}$ de section et $106^{\text{cm}},3$ de longueur.
Unité de différence de potentiel......	*Volt* = différence de potentiel entre deux points **A** et **B** d'un conducteur parcouru par un courant d'un *ampère* quand la résistance de la portion **AB** est d'un *ohm*.

TABLEAU DES FORMULES

UTILISÉES DANS CET OUVRAGE

COURS DE TROISIÈME ANNÉE

MÉCANIQUE

Mouvement uniforme (§ 10).	e = espace parcouru. v = vitesse par seconde. t = temps en seconde.	espace : $e = vt.$
Mouvement uniformément accéléré (§ 16).	v = vitesse à l'instant t. t = temps en secondes. g = accélération. e' = espace parcouru pendant la première seconde.	loi de vitesse : $v = gt,$ $e' = \dfrac{1}{2}g.$ loi des espaces : $e = \dfrac{1}{2}gt^2.$
Mesure d'une force par l'accélération (§ 28).	F = valeur de la force en dynes. m = masse du corps en grammes. g = accélération en centimètres.	$F = mg.$
Poids d'un corps (§ 30).		$P = mg.$
Valeur de la force centrifuge (§ 35).	f^{ly} = valeur de la force. m^{gr} = masse du corps. v^{cm} = vitesse. R^{cm} = distance du corps au centre de rotation.	$f = \dfrac{mv^2}{R}.$

Travail d'une force (§ 3).	T = valeur du travail en ergs. f = force en dynes. e = déplacement en centimètres du point d'application de la force dans la direction du mouvement.	$T = fe.$
Travail de la pesanteur (§ 33, 47).	P = poids du corps en *dynes*. h = hauteur de chute en cm.	$T = Ph.$
Travail d'un moteur en t secondes (§ 33).	W = puissance en watts.	$T = Wt.$
Énergie d'un corps en mouvement (§ 47).	T^{ergs} = énergie. m^{gr} = masse du corps. v^{cm} = vitesse.	$T = \frac{1}{2} mv^2.$

ÉLECTRICITÉ DYNAMIQUE

Intensité d'un courant mesurée par l'électrolyse d'une solution d'azotate d'argent (§ 78).	I = intensité en ampères. m = quantité en milligrammes d'argent déposé. t = durée en secondes du passage du courant.	$I = \dfrac{m}{1{,}118 \times t}.$
Résistance d'un conducteur de longueur l (§ 82).	R = valeur de la résistance en ohms. l = longueur en centimètres. s = section en centimètres carrés. a = résistance spécifique en ohms-centimètres.	$R = \dfrac{al}{s}.$
Loi d'Ohm appliquée à un conducteur homogène (§ 88).	E = différence de potentiel en volts. R = résistance en ohms. I = intensité en ampères.	$E = RI.$
Loi d'Ohm appliquée à un circuit fermé (§ 90).	r = résistance intérieure de la source d'électricité.	$E = (R + r)\,I.$
Puissance d'un courant (§ 94).	W = puissance en watts.	$W = EI.$

Énergie d'un courant entre deux points d'un conducteur A et B (§ 94 et 95).	$T =$ énergie en joules. $E =$ différence de potentiel en volts entre A et B. $Q =$ quantité d'électricité en coulombs parcourant le fil. $I =$ intensité en ampères. $t =$ durée du courant. $R =$ résistance en ohms.	$T = EQ,$ ou $T = EIt,$ ou $T = RI^2t.$
Loi de Joule (§ 97).	$Q =$ quantité de chaleur évaluée en petites calories. $4,17 =$ équivalent mécanique de la chaleur.	$Q = \dfrac{RI^2t}{4,17}.$
Association des piles en série (§ 122).	$I^{amp} =$ intensité du courant. $E^{volts} =$ force électromotrice d'un élément. $R^{ohms} =$ résistance extérieure. $r^{ohms} = \quad$ — $\quad$ intérieure. $n =$ nombre d'éléments.	$I = \dfrac{nE}{R + nr}.$
Association en surface (§ 122).	id.	$I = \dfrac{E}{R + \dfrac{r}{n}}.$
Association mixte (§ 123).	$m =$ nombre total d'éléments. $p =$ nombre d'éléments associés en série $n =$ nombre de séries associées en surface.	$m = np.$ $I = \dfrac{pE}{R + \dfrac{pr}{n}} = \dfrac{E}{\dfrac{R}{p} + \dfrac{r}{n}}.$

TABLE ANALYTIQUE

POUR LE COURS DE TROISIÈME ANNÉE

(Les numéros renvoient aux paragraphes)

TABLE DES MATIÈRES

Tours. — Imp. Deslis Frères, 6, rue Gambetta.

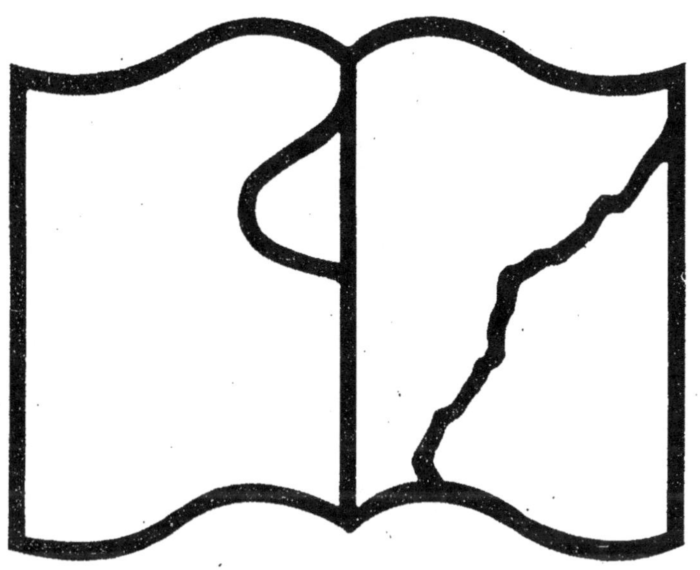

Texte détérioré — reliure défectueuse

NF Z 43-120-11

www.ingramcontent.com/pod-product-compliance
Lightning Source LLC
LaVergne TN
LVHW020158030726

842520LV00003B/779